Nicolas Lozier

Société civile et représentations socio-spatiales de la ville

Nicolas Lozier

Société civile et représentations socio-spatiales de la ville

Le cas du Centre d'écologie urbaine de Montréal

Presses Académiques Francophones

Impressum / Mentions légales

Bibliografische Information der Deutschen Nationalbibliothek: Die Deutsche Nationalbibliothek verzeichnet diese Publikation in der Deutschen Nationalbibliografie; detaillierte bibliografische Daten sind im Internet über http://dnb.d-nb.de abrufbar.
Alle in diesem Buch genannten Marken und Produktnamen unterliegen warenzeichen-, marken- oder patentrechtlichem Schutz bzw. sind Warenzeichen oder eingetragene Warenzeichen der jeweiligen Inhaber. Die Wiedergabe von Marken, Produktnamen, Gebrauchsnamen, Handelsnamen, Warenbezeichnungen u.s.w. in diesem Werk berechtigt auch ohne besondere Kennzeichnung nicht zu der Annahme, dass solche Namen im Sinne der Warenzeichen- und Markenschutzgesetzgebung als frei zu betrachten wären und daher von jedermann benutzt werden dürften.

Information bibliographique publiée par la Deutsche Nationalbibliothek: La Deutsche Nationalbibliothek inscrit cette publication à la Deutsche Nationalbibliografie; des données bibliographiques détaillées sont disponibles sur internet à l'adresse http://dnb.d-nb.de.
Toutes marques et noms de produits mentionnés dans ce livre demeurent sous la protection des marques, des marques déposées et des brevets, et sont des marques ou des marques déposées de leurs détenteurs respectifs. L'utilisation des marques, noms de produits, noms communs, noms commerciaux, descriptions de produits, etc, même sans qu'ils soient mentionnés de façon particulière dans ce livre ne signifie en aucune façon que ces noms peuvent être utilisés sans restriction à l'égard de la législation pour la protection des marques et des marques déposées et pourraient donc être utilisés par quiconque.

Coverbild / Photo de couverture: www.ingimage.com

Verlag / Editeur:
Presses Académiques Francophones
ist ein Imprint der / est une marque déposée de
AV Akademikerverlag GmbH & Co. KG
Heinrich-Böcking-Str. 6-8, 66121 Saarbrücken, Deutschland / Allemagne
Email: info@presses-academiques.com

Herstellung: siehe letzte Seite /
Impression: voir la dernière page
ISBN: 978-3-8381-7202-6

TABLE DES MATIÈRES

1

LISTE DES FIGURES ET TABLEAUX

4

LISTE DES ABRÉVIATIONS, SIGLES ET ACRONYMES

BP	Budget participatif
CA	Conseil d'administration
CEU	Centre d'écologie urbaine
CEUM	Centre d'écologie urbaine de Montréal
CCMP	Comité des citoyennes et citoyens de Milton-Parc
CMM	Communauté métropolitaine de Montréal
CMP	Communauté Milton-Parc
GRED	Groupe-ressources en éco-design
GTDMC	Groupe de travail sur la démocratie municipale et la citoyenneté
LV	Laboratoire Vert
ME	Montréal Écologique
PP	Place Publique
QVAS	Quartier vert, actif et en santé
RCM	Rassemblement des citoyens et citoyennes de Montréal
SC	Sommet citoyen
SDC	Société de développement communautaire Milton-Parc Inc.
SODECM	Société de développement économique et communautaire de Montréal

INTRODUCTION

Les crises de notre société, que la médiasphère répercute mondialement (Virilio, 1995), prennent toutes leurs dimensions depuis l'emploi de mesures visant à la « durabilité » du système en place. Que l'on parle d'inégalités sociales ou de pollutions de tout type, la société mondiale serait en train de franchir un seuil marquant l'entrée de l'humanité dans un « combat » pour sa survie et, *de facto*, pour celle du milieu terrestre dans lequel elle habite. Plus précisément, le développement actuel de l'humanité sur la base d'un modèle capitaliste généralisé à l'ensemble des régions du monde sous-tend désormais les tensions et relâchements qui s'exercent au sein de ce que Berque (1996) a nommé l'écoumène[1]. Ainsi, parler d'écoumène, c'est d'abord souligner l'importance du corps médial, qui, d'un point de vue ontologique, concilie l'être humain avec son milieu parce qu'il l'incarne et le façonne de sa présence (Berque, 2009). C'est ensuite mettre en lumière les systèmes éco-techno-symboliques sur lesquels les êtres humains reposent l'origine de leur action, et, par là même, qu'ils arrangent (*ibid.*). À travers donc le prisme de l'écoumène, les crises contemporaines impriment le caractère insoutenable des activités humaines (Berque et *al.*, 2006), et que tout le monde s'évertue à vouloir transformer ou, du moins, renouveler. Pour beaucoup, les villes contribuent, en partie, à ces crises ; elles captent et retiennent de façon croissante une large part de l'humanité. La forte concentration humaine dans ces espaces urbains et l'ensemble des pratiques qui y ont lieu exacerbent comme jamais auparavant les liens humains et les pressions causées sur leurs milieux de vie et ceux voisins. Une conséquence s'en suit. Dans un milieu humain profondément terrestre où se déploie tant bien que mal la vie, il va de soi que ces crises génèrent, depuis quelques décennies et encore bien souvent, des représentations négatives à l'encontre de la ville.

Salomon Cavin (2009) nous rappelle que par le passé les urbaphobes formulaient trois griefs contre la ville : elle détruit la nature ; elle est malsaine (étant

---

[1] L'écoumène, pour donner une définition simple, « c'est la Terre en tant que nous l'habitons. Plus encore : *en tant que lieu de notre être* » (Berque, 1996 : 12 ; c'est l'auteur qui souligne). Cette lecture de la condition terrestre par laquelle nous sommes humains se veut plus essentielle que l'énonciation de quelconque rapport que les êtres humains entretiennent à un environnement pour parler de la vie sur terre.

vue comme le lieu du déclin physique et moral) ; elle est laide (par opposition à la nature qui serait belle par essence)[2]. La ville « mal-aimée » possède, en somme, l'inconvénient d'être un des principaux responsables des maux de notre monde, c'est-à-dire qu'elle caractérisait le lieu où se concentrent des crises de types social, environnemental, politique — ou de la démocratie, nous ferons la nuance plus tard —, etc. Pourtant, ces zélateurs se réconcilient petit à petit avec son image depuis l'émergence, à partir des années 1960, d'un discours plus conciliant à son égard. Celui-ci met notamment l'accent sur la place de la nature dans les espaces urbains. Encore plus récemment, ce type de discours s'est renforcé à travers l'idée qu'un meilleur aménagement des espaces urbains, où l'on accorderait une place importance au paysage ou au génie du lieu, permettrait de rendre la ville plus « aimable » (Salomon Cavin, *ibid.*) ou, du moins, acceptable. Ce que ce changement des représentations nous enseigne de prime abord est que nulle image n'est statique dans le temps. Et la ville, considérée dans le contexte de la modernité réflexive, est vue aujourd'hui comme l'objet de problèmes autant que de solutions pour notre société (Bourdin, 2009).

La principale cause à l'origine de ces rapports aux conséquences néfastes des points de vue environnemental, mais aussi social — nous verrons pourquoi —, entre l'humanité et la nature provient du développement[3] (Harribey, 2004 ; Latouche, 2004). Face aux critiques qui visent le développement, poursuivies depuis maintenant un demi-siècle (Austruy, 1965), la communauté internationale, par l'intermédiaire de l'ONU, appelle à prendre conscience des limites de l'activité humaine en ce qu'elle a trait spécifiquement à ses modes de production et de consommation, et plus généralement à ses rapports au milieu. L'idéal du développement subit alors une « cure » au tournant des années 1990, notamment dans ses aspects philosophiques et méthodiques. De celle-ci résulte une image du développement qui souligne dorénavant, et avec emphase, l'idée que les besoins de l'humanité sont dépendants des ressources terrestres. Autrement dit, le « programme global de changement », introduit par le « rapport Brundtland » (CMED, 1987), incarne les discours misant

---

[2] Les mouvements de protection de la nature, à cette époque, légitimaient leur combat en rompant avec un imaginaire urbain ; ce qui a contribué à leur essor depuis le début du XXe siècle (Salomon Cavin, *ibid.*).
[3] « Dans la seconde moitié du XXe siècle, le développement – qu'il fût réduit au domaine économique ou bien étendu à tous les domaines sociaux – devint synonyme de progrès et une aspiration quasi universelle. Promis à tous les êtres humains, ceux-ci devaient tôt ou tard y trouver nécessairement une augmentation du niveau de vie matériel permise par la croissance économique et surtout une amélioration du bien-être au fur et à mesure que l'espérance de vie progressait et que l'éducation et la culture se démocratisaient. Le moins qu'on puisse dire est que cette promesse n'a pas été tenue » (Harribey, 2004 : 5).

sur le renouvellement de l'architecture du modèle économique mondial. Les pouvoirs politique et économique préconisent alors un mode de développement « durable ».

En 1992, à Rio de Janeiro, se tient le troisième Sommet de la Terre organisé par la Conférence des Nations unies sur l'environnement et le développement. La médiatisation de la notion de développement durable et l'adoption du programme Action 21 (*Agenda* 21 en anglais) font de ce Sommet un succès pour l'ensemble des participants (Brunel, 2010). Dans les publications et les travaux en cours depuis cet évènement, plusieurs experts s'entendent sur l'idée que les villes et les métropoles doivent faire partie de la solution aux défis environnementaux, et ce, dans la mesure où elles sont le lieu de la production économique, de la concentration de la population, etc. (Sachs, 1996 ; Emelianoff, 2007 ; Gauthier et *al.*, 2008 ; Mancebo, 2008, 2010). Dans les années qui suivent, plusieurs grandes conférences internationales réitèrent la nécessité pour les autorités nationales et locales d'adopter les principes du développement durable. Parmi celles-ci, la plus marquante reste la conférence Habitat II tenue à Istanbul en 1996 dans le cadre du programme UN-Habitat, et qui voit l'adoption de la Déclaration d'Istanbul[4] (Mancebo, 2008).

Dans cette perspective, et ce, en réaction face à la faillite désormais continue des États à trouver des solutions à la question environnementale à une échelle globale[5], des villes partout dans le monde s'emparent de ce problème et se positionnent comme l'entité la plus adéquate pour l'élucider (Mancebo, 2010). Ici et là, elles s'arrogent d'un discours construit sur le paradigme du développement durable et adoptent des plans d'action qui intègrent ses principes. Dès le milieu des années 1990, des organisations de municipalités, pour qui les revendications des États en faveur du développement durable ne seraient pas assez ambitieuses et la mise en œuvre de ses principes pas assez prompt, cherchent à élaborer des programmes de développement urbain durable. Sous l'impulsion notamment de l'*International council for local environmental initiatives* (ICLEI), ce type d'initiatives mène à l'organisation des conférences d'Aalborg en 1994 et de Lisbonne en 1996. Ces conférences s'inspirent des recommandations du programme Action 21 et promulguent la multiplication des agendas 21 locaux et la réalisation à venir de la

---

[4] À propos de la conférence Habitat II, « [s]on objectif déclaré était d'étudier comment rendre les villes du monde plus salubres, plus sûres, plus équitables et plus durables » (Mancebo, 2008 : 14).
[5] Il n'y a qu'à voir le peu de solutions qui a résulté des négociations tenues lors du Sommet international de Copenhague en 2009 portant sur les changements climatiques. Et ce, sans relater l'historique des négociations qui se déroulent durant les grandes rencontres internationales depuis le début des années 1970 (Mancebo, 2008).

ville durable (Emelianoff et Stegassy, 2010). Plus récemment, plusieurs municipalités des États-Unis se sont prononcées en faveur du protocole de Kyoto, défiant ainsi la position du président des États-Unis du moment, Georges W. Bush, qui ne l'avait pas ratifié (Larsen, 2006). Les villes se distinguent alors politiquement en se distanciant des prises de position des États qui n'arrivent pas à s'entendre à propos du bien commun (Mancebo, 2010).

En parallèle, l'organisation des différents Sommets de la Terre a permis de mettre en lumière la nécessité dans nombre de pays de refonder les structures de gouvernance ; les participants représentant la société civile, pour la première fois présents lors du Sommet de Rio, en appellent à la participation du plus grand nombre dans les processus décisionnels les concernant. Désormais, à l'heure où le discours sur le développement durable est devenu quasi hégémonique, il est difficile de penser — et cela engage, bien entendu, de « mettre en œuvre » — le développement urbain sans considérer la participation de ses habitants. Les dispositifs de participation des citoyens (quelque soit le mode : consultatif, délibératif, informatif, etc.) sont devenus un « impératif » de la planification et de la gestion urbaines (Bacqué et *al.*, 2005 ; Gauthier, 2008 ; Talpin, 2008). Pour certains, cette nouvelle modalité de « participation » voit le jour, parmi d'autres causes, à la suite des débats autour d'une crise du politique. De cette dernière émergent des pratiques démocratiques qui visent, dans leur formule actuelle, à réhabiliter le citoyen au cœur de la *polis,* c'est-à-dire, textuellement, de l'imaginaire politique (Mendel, 2003). Pour d'autres, cette tendance s'inscrit dans un contexte de reconfiguration politico-administrative et territoriale des espaces urbains, qualifié de « néolibéral » (Collin et Robertson, 2005). Cette reconfiguration se trouve impulsée par le processus de mondialisation et agencée sous la forme d'une métropolisation des villes. Ce que la notion de gouvernance « dévoile »[6] (Frug, 2010).

Avec ces changements d'ordre politique, qui prennent la forme du développement durable et de la participation, les décideurs tentent d'apporter une réponse aux crises. Mais jusqu'à quel point les modes de gestion des politiques urbaines tiennent-ils compte des préoccupations des citoyens ? Quels moyens ces

---

[6] Durant les trente dernières années, des métropoles et grandes villes ont fait face à de grandes restructurations politico-administratives et territoriales. Ces restructurations ont pour conséquence une redistribution des rôles administratifs et des enjeux de pouvoir entre les différents acteurs (public, privé ou de la société civile) au sein de ce nouvel agencement métropolitain (Collin et Robertson, 2005). La notion de gouvernance urbaine désigne un processus pour tenter de comprendre ces changements de relations entre les différents acteurs en cours de généralisation (Coaffe et Healy, 2003).

derniers ont-ils pour transmettre et, si possible, faire valoir leurs préoccupations si la volonté des décideurs leur parait faire défaut ? La société civile locale[7] met en liaison les citoyens et le pouvoir public. Les acteurs qui la composent, certains comme les organismes sans but lucratif (OSBL) ou des organisations communautaires ou encore des comités de citoyens, se font le transmetteur de la parole citoyenne — dans un contexte régi par la gouvernance. Comment, alors, un acteur de la société civile relaie-t-il les réflexions et les préoccupations des citoyens ? Comment parvient-il à faire la promotion de certaines revendications sociales auprès des acteurs publics ou économiques du devenir urbain, c'est-à-dire engagés dans l'action publique locale ? Celui-ci peut-il contribuer à l'élaboration d'un projet de ville différent de celui porté par les élites politiques et économiques ? Ce sont quelques questions qui ont, parmi d'autres, motivé cette recherche.

Dans un contexte mondial de métropoles en émergence, il est aisé d'« oublier » que le dynamisme de ce « fait social total » — pour reprendre l'expression de Marcel Mauss[8], à propos de la métropole — s'appuie dans une certaine mesure sur la conjoncture des forces humaines qui la composent. Par le passé, le développement urbain n'était qu'une affaire de spécialistes, comme les urbanistes, qui mettaient leur savoir expert au service des élus et des institutions, mais aussi des promoteurs. S'il était mené au dépend du vouloir des citoyens, certains parmi ces derniers se sont organisés collectivement pour défendre notamment leurs droits en matière de logement, de transport, etc., ou pour fournir des services. Dans certains cas, ils ont favorisé l'émergence de contre-pouvoirs à leur échelle, souvent locale, qui mettent de l'avant les conditions pour que soit produit un développement urbain qui reflète leurs préoccupations (Castells, 1983 ; Hamel, 1995). Cette situation est celle vécue par les habitants du quartier Milton-Parc à Montréal.

Dans les années 1960, le projet immobilier d'un promoteur, appuyé par la municipalité montréalaise, a rencontré une opposition de la part des résidents de ce

---

[7] Talpin définit la société civile locale comme suit : « Par société civile locale, nous entendons les réseaux formels et informels d'organisations, d'associations et de groupes agissant indépendamment de l'État et de la sphère marchande, à l'échelle de la commune. Le degré d'autonomie à l'égard de la municipalité est cependant variable, dans la mesure où le financement de ces organisations dépend très largement des subsides publics et que des liens personnels lient parfois les différents acteurs. Soulignons également que le degré de politisation de la société civile locale est variable d'une organisation à l'autre, certaines se définissant comme « apolitiques », d'autres au contraire comme directement « politiques » ou « critiques » » (2008 : 156).
[8] « Le fait social total ressort comme « un point de vue sur la réalité sociale conçue comme une totalité dynamique au sein de laquelle se meuvent... les choses et les hommes "mêlés" » » (Karsenti, 1994 : 38, in Veauvy, 1995)

11

quartier. Cette expérience, une fois le conflit achevé, a suscité l'intérêt chez certains citoyens de ce quartier de mettre de l'avant leur point de vue sur un ensemble d'enjeux en lien avec le développement urbain montréalais. La promotion de revendications ayant pour thème le respect de l'environnement, le droit au logement ou les conditions démocratiques du débat autour des enjeux politiques et sociaux des quartiers de la métropole montréalaise, etc., les incite à fonder la Société de développement économique et communautaire de Montréal (SODECM), maintenant connue comme le Centre d'écologie urbaine de Montréal (CEUM).

Cet acteur de la société civile est un des seuls à l'origine, à Montréal, à traiter dans une perspective écologique les enjeux liés à la qualité de vie des citoyens en ce qui concerne leur cadre de vie, et ce, en réclamant la participation de ces derniers aux enjeux urbains. Avec la création de la SODECM, l'ambition initiale des co-fondateurs consistait à transformer en priorité les institutions pour régler le problème écologique. Aujourd'hui, dans la réalisation de ses projets, il met de l'avant l'idée qu'un développement urbain respectueux de l'environnement, c'est-à-dire pensé à partir d'un point de vue écologique, ne peut se réaliser de façons juste et efficace sans tenir compte des citoyens qui habitent les espaces urbains. Il s'agit pour lui de prendre comme point de départ dans la réalisation de ses projets les préoccupations des citoyens en ce qui concerne leur cadre de vie, de sorte que ce soit eux qui répertorient les problèmes et définissent les enjeux sur lesquels intervenir. Autrement dit, le CEUM se caractérise par la défense et la promotion d'un développement urbain démocratique dans une perspective écologique. Pour finir, la question plus générale de l'interrelation des enjeux écologiques avec ceux démocratiques est un sujet peu abordé dans la littérature. Nous avons pensé qu'il serait intéressant d'observer pourquoi et comment s'exécute une telle articulation chez un acteur de la société civile ; ce qui justifie que nous en fassions le cœur de cette recherche.

Ce livre a pour objectif de mettre en lumière la portée de l'action[9] d'un acteur de la société civile concernant le développement urbain. Nous intéressant plus particulièrement aux représentations et au discours du développement urbain produits par le CEUM, cette recherche vise à décrypter les réflexions de ce dernier sur sa manière d'appréhender les enjeux écologiques et démocratiques dans un contexte urbain. Dans le premier chapitre, nous nous penchons sur la façon dont l'émergence

---

[9] Par action, nous comprenons comme un ensemble l'élaboration d'un discours et la production de pratiques, nourries de représentations. Nous justifions cette approche à partir d'une lecture dialectique de ces dimensions. Nous présentons plus en profondeur ce raisonnement dans le deuxième chapitre.

et la pérennité des crises contemporaines a pour conséquences la recherche et l'émergence de nouvelles approches de développement urbain. Après avoir introduit le contexte urbain montréalais et le CEUM, nous posons nos questions et notre hypothèse de travail pour ensuite présenter notre démarche méthodologique et le cadre opératoire que nous avons « bricolé » afin d'opérationnaliser notre recherche. Le deuxième chapitre porte sur notre cadre théorique où le recours à la géographie sociale renvoie aux concepts de représentations socio-spatiales, discours et pratiques en rapport avec notre problématique. Le troisième chapitre présente la genèse du CEUM. Après avoir mis en lumière les circonstances de son origine à partir de la présentation de l'histoire du quartier Milton-Parc à Montréal, nous retraçons le développement et l'évolution du CEUM en présentant une vue d'ensemble de ses activités et ses projets. Finalement, le quatrième chapitre révèle l'analyse de nos résultats et nos commentaires sur la façon dont le CEUM vise à renouveler les modes de production du développement urbain montréalais.

CHAPITRE I

UN ESPACE URBAIN ÉCOLOGIQUE ET DÉMOCRATIQUE : ÉTAT DES
LIEUX, QUESTION DE RECHERCHE, HYPOTHÈSE ET DÉMARCHE
MÉTHODOLOGIQUE

Ce premier chapitre propose un état des lieux sur les transformations
auxquelles font face les espaces urbains dans notre société contemporaine. Celles-ci
sont le signe de changements immanents à la ville ; c'est-à-dire que les
transformations en cours confrontent cette production dans son organisation sociale et
économique et son ordre politique. En effet, comme le rappelle Corboz (2009a), ce
que l'on nomme aujourd'hui « ville »[10] en tant qu'espace urbain n'a guère à voir avec
la ville du début du siècle dernier. Les espaces urbains contemporains — ou le
modèle contemporain de ville — ont ceci de particulier que leurs transformations font
face, depuis les années 1970, au processus de mondialisation et de métropolisation et
aux conséquences qui leur sont inhérentes (Ferrier, 2000, 2007 ; Magnaghi, 2003 ; Da
Cunha, 2005a ; Bourdin, 2009). Dès lors, la métropole contemporaine « se
caractéris[e] notamment par une plus grande mobilité des habitants, par l'étalement
urbain et par l'établissement de nouvelles hiérarchies entre les principales
composantes de leur territoire » (Hamel, 2005). Afin de bien comprendre ce
phénomène, il importe d'en cerner d'abord ses mécanismes.

Ensuite, le modèle contemporain de ville est associé à de multiples problèmes
relatifs à ces transformations et aux crises écologique et politique qui en découlent. Il
suscite des questionnements à différents niveaux : par rapport, d'une part, à ce mode
d'urbanisation en mutation et, d'autre part, aux mesures prises afin de rendre viable,
vivable et éthique l'aménagement de la ville dans une perspective de développement
durable. La métropolisation suscite également un intérêt pour les conditions portées à

---

[10] Le terme s'emploie toujours bien que de nouvelles tentatives lexicales soient proposées sans qu'elles ne
fassent l'unanimité. Nous aborderons cet aspect plus loin dans ce chapitre.

la gouvernance urbaine, à savoir la question des modalités relationnelles qui lient les acteurs dans l'espace public (Ascher, 2001 ; Jouve, 2003 ; Hamel, 2004 ; Gauthier, 2008). La transformation de l'ordre politique de la ville et les enjeux urbains actuels, qu'ils soient de nature sociale, économique, environnementale, patrimoniale, etc., sont posés à même ce nouveau cadre. Celui-ci révèle, notamment, la part grandissante du rôle des acteurs de la société civile dans leur volonté d'intervenir dans les décisions concernant l'aménagement et la gouvernance des espaces urbains. Ces derniers relayent par la même occasion les interrogations des citoyens sur le devenir de leur espace de vie. De fait, à partir d'une lecture des manifestations de ce processus de métropolisation, nous présenterons quelques caractéristiques du contexte urbain montréalais où se manifestent de nouvelles approches de développement urbain.

1.1 La transformation des espaces urbains à la lumière de la métropolisation

Le début du XXIe siècle est le témoin d'un évènement peu visible mais aux conséquences remarquables : un être humain sur deux, sur cette terre, vit désormais dans un espace urbain[11] (Damon, 2008). À l'horizon de 2050, ce sont environ trois quarts des êtres humains, soit sept milliards pour une prévision de neuf milliards d'individus[12], qui formeront une civilisation urbaine (Ascher, 2009a).

La ville apparue à l'ère néolithique a connu une évolution sur le temps long qui témoigne de la place centrale qu'elle occupe dans notre société contemporaine. Pour être bref, cette évolution rend plus particulièrement compte des premiers processus de rationalisation et de différenciation sociales qui ont commencé à marquer la société « mécanique » d'avant la révolution industrielle (Durkheim, cité par Ascher, 2009b). À cela fait suite l'exode rural qui accompagne le développement des villes industrielles. Finalement, des auteurs font aujourd'hui le constat que la ville éclatée de la troisième mondialisation, non plus centrifuge ni centripète, est maintenant sans limites (Corboz, 2009b). De ces trois étapes qui caractérisent l'évolution des modèles de ville, ce qui surprend, avant tout, c'est la rapidité avec laquelle les conglomérations humaines s'accroissent de jour en jour et épaississent les territoires urbains répartis sur la surface terrestre. D'un point de vue générique et fonctionnaliste, la ville serait l'espace qui concentre la majorité des êtres humains

---

[11] Au Canada, et dans les autres pays industrialisés, ce taux s'élève à environ 80 % de la population (Damon, *ibid.*).

[12] Sept milliards d'individus qui équivalent à peu près à la totalité de la population mondiale en 2010.

vivant sur la terre, ce qui génère une multitude de problèmes touchant son territoire et ses habitants. Bref, dire que le présent et l'avenir de l'humanité se réalisent dans la ville et dans son rapport avec la ville est désormais un lieu-dit.

1.1.1 Évolution du modèle de ville et régime d'urbanisation inédit

De tout temps, l'équilibre des milieux est bouleversé dès que les êtres humains les interfèrent par leurs activités (Roussopoulos, 1994). Cette interaction Humanité/Nature est la condition première de l'activité territoriale « car, depuis le début de l'aventure humaine, l'humanisation des hommes a été inséparable d'une transformation des lieux, d'une territorialisation des territoires » (Ferrier, 1998 : 32). Aujourd'hui, cette interaction est grandement éprouvante pour les deux parties : l'organisation physique et sociale de l'espace que matérialise la ville rencontre un certain nombre de crises de nature écologique et politique. Bien entendu, ce processus ne date pas d'hier et l'évocation que la ville, comme « lieu où vivre », y fait face est déjà constatée par Von Eckard (1967).

Une des causes à cela renvoie aux transformations des modes de productions économiques et aux transformations du politique (Fillion, 1995). Au cours des années 1970-80, les crises économique (liée à la transformation du fordisme) et politique (liée à la transformation de l'État providence) ont pour conséquence de conditionner sous un nouveau jour les sphères sociale, politique et économique de l'activité humaine et de l'organisation urbaine (*ibid.*). C'est au cours de cette période de redéfinition des moteurs du développement qu'une nouvelle logique au sein de l'économie capitaliste régit les arcanes du monde et va stimuler d'une nouvelle manière le développement urbain tout en influençant le jeu des régulations institutionnelles. Le phénomène de mondialisation objective ces forces qui sont maintenant reproduites par les élites politiques et économiques dans le monde.

Depuis cette période, un nouveau type de mondialisation, qui s'appuie sur l'émergence de l'industrie informatique (Desanti, 2001) et de la société informationnelle (Castells, 1999), continue de façonner un monde urbain en mutation. En effet, le modèle contemporain de ville a amorcé en parallèle de la dernière mondialisation sa troisième révolution urbaine (Ascher, 2001 ; Bochet et *al.*, 2007). Celle-ci fait écho à la troisième révolution industrielle, dite informatique, qui a pour conséquence majeure une réinterprétation du mode de l'« habitable » de l'humanité[13] (Desanti, 2001). Sans élucubrer sur le sujet, et en nous appuyant sur Castells (1999), cette révolution informationnelle fait correspondre l'émergence de la « société en réseaux ». Cette dernière se caractérise, *grosso modo*, par la mondialisation des activités économiques qu'alimente presque instantanément un ensemble de flux, et par la globalisation des situations sociales et des contextes culturels auxquels prennent part les êtres humains (Castells, *ibid.*). En résumé, cette troisième révolution urbaine, qui fait écho à l'émergence de la société en réseaux, a pour corollaire l'évolution du modèle de ville en fonction du processus de métropolisation (Ferrier, 2000, 2007 ; Magnaghi, 2003).

Ces nouvelles logiques de production de l'espace[14] (Lyotard, 1979) affectent les dynamiques socio-spatiales et causent leur lot de problèmes. Les espaces urbains, dans une logique post-fordiste de production, deviennent le support d'offres diverses en terme de fonctions, et l'objet de transactions entre différents acteurs, notamment en matière de stratégies d'image ou de mise en récit à partir desquelles est négociée, par exemple, la place de la nature en ville (Bourdin, 2009). Comme l'écrit Bourdin :

> L'espace n'organise plus un ordre urbain et la ville ne désigne plus une réalité clairement identifiable. [...] Les modalités de son usage et les caractéristiques de ses usagers nous informent sur les pouvoirs et appareils locaux, leurs stratégies, les coalitions au pouvoir, les représentations que l'on se fait de l'action, les populations et les objets auxquels elle s'attache (ibid. : 43).

Parallèlement, l'humanité connaît désormais, du moins dans les sociétés occidentales, des phénomènes d'individuation et de mobilité (Ascher, 1995), où « l'individu devient la mesure de toutes choses » (Bourdin, 2009 : 37). Ce qui a pour conséquence que l'espace s'organise en fonction de ce dernier.

Sauf que de ce plus récent « régime d'urbanisation »[15] (Both, 2005 ; Bonard et

---

[13] Comme le rappelle Desanti à propos des révolutions techniques majeures qu'a connu l'humanité depuis l'ère moderne du XIXe siècle : « [Je] connais trois révolutions qu'on appelle industrielles : la première, c'est une révolution thermodynamique ; la deuxième, c'est une révolution électrodynamique ; la troisième, c'est la révolution informatique » (Desanti, 2001 : 303). Si les deux premières révolutions, d'après l'auteur, ont changé le contenu de notre façon d'habiter le monde, la révolution informatique, quant à elle, « est en train de changer la forme de notre rapport au monde, c'est-à-dire le projet même de l'habitable, la forme de l'habitable » (*ibid.*).

[14] Lyotard (1979) est alors un des premiers à s'apercevoir que les transformations socio-économiques de l'ère post-industrielle, mais aussi la critique du Haut Modernisme dans l'art (ce qu'illustrent par exemple le rejet conceptuel des grandes barres d'habitations) et l'adhésion aux idées poststructuralistes d'une critique globale de la raison mènent vers une nouvelle condition historique qu'il nomme postmodernisme.

[15] Par régime d'urbanisation, Both (2005) représente sous un même concept « l'ensemble des modalités de territorialisation (localisation, délocalisation et relocalisation des activités et des ménages) conditionnant le

Thomann, 2009) découle un certain nombre de problèmes et de contradictions de type socio-économique et, finalement, environnemental. Pour Harribey (2004), il ne fait aucun doute que les politiques (néo-)libérales à l'origine de ces transformations dans la société sont à blâmer, mais aussi parce qu'elles « sont d'autant moins en mesure de résoudre ces contradictions que le développement impulsé par la recherche du profit dégénère en crise écologique mondiale » (*ibid.* : 5).

Les impacts générés par ce nouveau mode de production de l'espace se présentent sous la forme de crises écologique et politique. Il s'avère que ces dernières sont toutefois le point de départ d'une façon renouvelée de produire les espaces urbains[16] (Giddens, 1994) — nous y reviendrons.

1.1.2 La métropolisation des espaces urbains

> Les capitales sont toutes les mêmes devenues / Aux facettes d'un même miroir / Vêtues d'acier vêtues de noir / Comme un légo mais sans mémoire (Manset, 2008).

Le modèle contemporain de ville, à la lumière de son régime d'urbanisation, est dans une phase dite de « métropolisation ». Cette dernière « constitue une forme d'organisation économique qui remet en question la géographie des lieux centraux et surtout une organisation politique du territoire de type pyramidal » (Jouve et Lefebvre, 2004 : 4). Ce phénomène est observable par ses traductions physiques, sociales, environnementales, économiques et politiques (Da Cunha et Bochet, 2002). Ainsi, la question de la gouvernance y est fortement liée. L'évolution des modes de gouvernements et les changements induits par la métropolisation dans les politiques urbaines voient l'émergence d'un mode de gouvernance métropolitain. Jouve et Lefèbvre, par exemple, mettent en lumière l'évolution de la gouvernance dans un contexte de métropolisation en Europe. Ils insistent sur trois indicateurs :

---

renouvellement des centralités urbaines ainsi que la reproduction et le fonctionnement des villes et agglomérations en tant qu'espaces économiques, sociaux et physiques » (Da Cunha et Both, 2005, cité in Both, *ibid.* : 10). « Ces transformations ont exacerbé les nuisances environnementales liées au trafic, à la pollution et au mitage du paysage, mais se sont également accompagnées d'un renforcement des polarisations des populations sur le territoire » (Bonard et Thomann, 2009 : 2).

[16] Faisant écho aux travaux de Lyotard (1979), Giddens (1994) considère que la « réalité » sociale s'appuie sur « notre conscience du fait que rien ne peut être connu avec certitude, puisque tous les « fondements » préexistants de l'épistémologie ont montré leur fragilité, que l'Histoire est dépourvue de téléologie et que par conséquent aucune variante du « progrès » ne peut être défendue de manière plausible, et qu'un nouvel ordre du jour social et politique est né avec l'importance croissante des préoccupations écologiques et peut-être, plus généralement, de nouveaux mouvements sociaux » (*ibid.* : 52).

[1.] la transformation des relations entre les métropoles et les États, [2.] l'évolution des cadres opératoires à travers lesquels ces politiques urbaines ont été élaborées et mises en œuvre, [3.] la recomposition des relations entre la sphère politique et la « société civile » (*ibid.* : 4)

Nous verrons un peu plus bas la manière dont ils abordent ce dernier point.

En ce qui concerne la question territoriale à proprement parler, Da Cunha décline la métropolisation en ces mots :

La métropolisation est la figure contemporaine d'un processus de territorialisation séculaire qui a d'abord vidé les campagnes de leurs populations et qui tend aujourd'hui à redessiner de nouveaux ensembles géographiques, de nouvelles formes urbaines, plus complexes, qui constituent désormais le milieu de vie de la majorité de la population planétaire (2005b : 5).

Dans ce cadre actuel que la métropolisation désigne *sensu lato*, le modèle contemporain de ville consacre une nouvelle dynamique où se font écho des situations « génériques » (Mongin, 2005) ou « autoréférentes » (Bourdin, 2009). La ville contemporaine est représentative d'un phénomène auto-reproductif qui fait office de processus partout dans le monde. Dès lors, les métropoles, les mégacités, les villes globales sont autant de réalités de ce qui constituerait l'« après-ville » (Mongin, *ibid.*). Quelques éléments, soulignés par Bourdin (*ibid.*), en régissent le mécanisme : certaines centralités, notamment économiques, ont éclatées au point qu'elles n'ont plus rien de commun avec le principe historique de production de la ville (qu'incarne la dynamique centre-périphérie) ; son régime d'urbanisation (auquel le comportement automobile fait valeur d'archétype) est diffus et désordonné ; la mobilité des individus est réclamée afin de répondre à l'élasticité de l'offre et de la demande propre au phénomène de la mondialisation ; les conceptions de l'espace urbain sont déterritorialisées, etc. Finalement, le modèle contemporain de ville entretient une relation changeante avec son milieu à cause de la transformation des logiques de production (Magnaghi, *ibid.* ; Bourdin, *ibid.*).

Ce qu'il faut retenir de cette évolution d'ensemble de l'artéfact « ville moderne » vers un modèle contemporain repose sur le constat que l'urbanisation fonctionnaliste de l'après-deuxième guerre mondiale se trouve maintenant exacerbée par la logique de métropolisation. L'individuation de la société à l'origine de la généralisation de l'automobile ou du pavillon individuel, ayant pour conséquence les phénomènes d'étalement urbain, de spéculation immobilière, de surconsommation des ressources énergétiques, etc. (Senett, 1970 ; Ascher, 1995), fait de cette logique de production un modèle non tenable (Sachs, 1996).

1.1.3 Une société humaine en crises

> Une action ne se situe pas à l'intérieur d'un environnement mais définit à la fois son intérieur et son extérieur (Latour et *al.*, 1991 : 44).

Dans une perspective écologique, le cumul de l'action anthropique pose avec acuité les rapports de la ville à ses environnements[17]. Sans élucubrer sur les multiples manières dont ont procédé les altérations (et dont les conséquences se voient autour des questions liées aux dérèglements climatiques, à la réduction de la biodiversité, etc.), Emelianoff (2003) rappelle que le rapport de l'être humain avec son milieu de vie, parce qu'il est de plus en plus exigeant sur le deuxième, devient néfaste. Cela se traduit de façon générale, nous avons déjà fait mention à de multiples reprises de quelques uns de ces problèmes, par une crise écologique qui revêt trois dimensions interreliées : « la pollution se généralise et les ressources s'épuisent, l'empreinte écologique des activités humaines dépasse la capacité de la planète, et ce sont les pauvres qui pâtissent le plus de la dégradation écologique » (Harribey, 2004 : 19). Le phénomène ne va pas en s'améliorant au regard de la dynamique démographique en cours qui nécessiterait, de surcroit, de doubler d'ici 2050 l'espace urbain actuellement produit (Sachs, 2007).

Sans anticiper le futur, les problèmes de nature écologique, sanitaire, etc., que les formes urbaines contemporaines engendrent, et que la concentration de population renforce, canalisent l'attention de tout un chacun. Les altérations causées dans les environnements urbains locaux soulèvent des enjeux de santé publique ou de

---

[17] Latour et *al.* (1991) discutent la différence méthodologique de penser le rapport à l'environnement si on le considère comme un ensemble (il est question de l'environnement) ou de façon complémentaire (il est question des environnements). Autant de gestes, autant de pratiques, qui expriment tels traits de tels cultures, au sein de telles sociétés, se produisent dans autant d'environnements, c'est-à-dire qu'une action anthropique a une influence sur un environnement particulier. Avec la prise de conscience, dans les années 1960, des conséquences et des atteintes portées aux environnements, « il a fallu construire un environnement global et singulier » (*ibid.* : 29). À partir de ce moment, de nombreux enjeux à différentes échelles expriment des rapports de pouvoir entre différents groupes sociaux : par exemple, entre le groupe de citoyens du quartier qui réclame plus d'espaces verts et la municipalité qui n'envisage pas de changer l'attribution de son budget. Cet exemple très schématique ne renvoie qu'à un contexte, un environnement particulier qui concentre les causes locales, de nature politique, économique, technologique, etc., à l'origine de crises, mais avec la perspective d'agir en faveur de l'environnement. Ce qui, de façon coextensive, traduit les « crises des environnements » (*ibid.*).

protection ou de conservation de l'environnement — compris ici au sens large. Certaines franges des populations urbaines se soucient de leur sécurité alimentaire (Hamm et Baron, 2000), de la qualité de leur milieu de vie, altéré notamment par le phénomène d'ilot de chaleur (Houle, 2009), de la qualité de l'eau potable (Chaarana, 1990), etc. Ainsi, de façon générale, ces problèmes dans les environnements locaux ont pour répercussion des enjeux d'ordre global, collectivement partagés, dont le point d'orgue se trouve être de nos jours la lutte contre le réchauffement climatique ou la gestion du risque nucléaire (Peretti-Watel et Hammer, 2006).

Parallèlement, plusieurs auteurs constatent dans nos sociétés occidentalisées un certain déclin des pratiques liées à l'exercice de la démocratie (Hansotte, 2002 ; Parazelli et Latendresse, 2006), voire une crise de la démocratie. Cette décadence[18], sans entrer dans les détails, dévoile l'évolution des représentations et des valeurs associées à la vie en société. Felli précise que la ville semble être l'unique lieu où les enjeux démocratiques prennent une place importante, « tant il est vrai que notre imaginaire démocratique est marqué par l'identité entre polis et politique » (2006 : 13). La cause de cette crise ne s'expliquerait-elle pas à partir de la façon dont la politique est aujourd'hui produite (Mendel, 2003) ? Pour Bacqué et *al.* (2005), les enjeux urbains actuels sont gérés dans le cadre de la gouvernance : « Les processus de décision et les modes de gouvernement sont devenus plus complexes, impliquant la coopération de différentes institutions étatiques et des partenariats public/privé parfois élargis aux représentants de la société civile » (*ibid.* : 10-11). C'est dans ce contexte généralisé de gouvernance urbaine, révélant de façon impérative la participation des principaux acteurs sur les enjeux liés à la métropolisation[19], que la question de la gestion de proximité et de la place des citoyens dans les processus politiques se pose. Par ailleurs, les questions environnementales (Gendron et Vaillancourt, 2003), de santé publique (Bacqué et *al.*, 2005), d'aménagement du territoire urbain (Gauthier, 2008), etc., se posent à l'échelle locale dans les institutions comme autant de tensions qui poussent à questionner la nature du bien commun dans notre société.

Pour récapituler, il y a deux niveaux de lecture possibles du contexte actuel

---

[18] Nous employons le terme de décadence tel qu'il est défini par le Petit Robert 2009, à savoir l'« état de ce qui dépérit, périclite ».
[19] Hamel (2004) décline certains facteurs associés aux différentes crises que le processus métropolisation engage dont « [l']intégration des activités économiques et sociales à une plus grande échelle que par le passé, [l']émergence d'une centralité urbaine diffuse ou dispersée, [les] problèmes de représentation politique » (*ibid.* : 59).

21

caractérisé par les crises écologique et démocratique. Notre société vivrait, d'une part, une crise écologique, que l'on pourrait qualifier de culturelle car de « conscience écologique » (Magnaghi, 2003). D'autre part, elle ferait face à un « désenchantement démocratique » (Parazelli et Latendresse, 2006) où c'est, justement, la crise du politique qui aurait tendance à entrainer dans sa chute toutes formes d'activités démocratiques (Mendel, 2003). Face à cette situation, l'approche systémique empruntée à l'écologie permet de mettre en lumière, ces dernières décennies, ces crises propres à la société urbaine, et donc humaine[20] (De Rosnay, 1994). En vue de quoi, Blanc mentionne que, graduellement, « s'affirme, dans les textes et les politiques, un discours sur la crise urbaine qui réclame de renouveler le débat théorique et les recherches sur la ville, tout particulièrement en ce qui concerne l'aménagement urbain » (1998 : 295). C'est ainsi qu'on assiste, de plus en plus, à une quête d'approches et de pratiques qui fonderaient à nouveau la ville en réponse à la faillite de la ville moderne. Si la mise en cause du modèle contemporain de ville est à comprendre en fonction de ces crises, c'est parce que celles-ci sont prégnantes du processus de modernité que Morin qualifie de « tourbillonnaire », où « chaque élément est co-producteur des autres » (2007 : 32).

1.2 Émergence de nouvelles approches dans la planification et la gestion urbaines

1.2.1 Une tendance dominante dans le développement urbain : le développement durable

Étant donné l'actuel régime d'urbanisation stimulé par le processus de métropolisation (Bochet et *al.*, 2007), les problèmes de nature écologique qui en découlent ont vu leur importance être plus sensiblement prise en compte dans les politiques publiques (Béal, 2009). En effet, ils n'étaient pas vraiment considérés par le passé par les pouvoirs publics et les élites économiques. À la suite du tournant entrepreneurial dans les années 1990 et la spécialisation des logiques de régulation locale des problèmes environnementaux en stratégies de développement urbain durable, la question de l'environnement constituent désormais un objet politique et économique local. Elle éclaire « l'institutionnalisation de la modernisation écologique [...] à l'échelle urbaine » (*ibid.* : 50). Bien qu'auparavant oblitérée par les décideurs, la crise écologique devient par conséquent une ressource pour l'action

---

[20] Touchant plus précisément les sciences sociales, l'apport des travaux effectués par les théoriciens de la modernité réflexive, entre autres ceux de Beck et Giddens, est à prendre en compte concernant cet exercice d'introspection de la société (Bourdin, 2009).

publique.

En outre, si le mode d'urbanisation actuel façonne des formes urbaines émergentes, qui reflètent une variété de compositions urbaines dont chaque ville reproduit les tendances générales, la métropolisation ne saurait être question que de cet aspect. Parallèlement à la formation d'une aire métropolitaine, la question de la légitimité d'une communauté politique se pose. Comme nous l'avons mentionné précédemment, un nouveau débat s'ouvre sur le principe d'une gouvernance urbaine à l'échelle métropolitaine. Bien que le modèle contemporain de ville soit le lieu où les crises écologique et politique sont exacerbées, il est aussi le lieu d'expérimentations de nouvelles pratiques d'organisation des activités humaines. Il est, pour cette raison et en guise d'exemple, le lieu d'expériences associées à la démocratie locale et participative (Felli, 2006). Mais plus généralement, « la métropole est considérée comme un contexte significatif d'action, apte à renouveler la compréhension des enjeux urbains actuels et à revoir le périmètre d'intervention de l'action publique » (Bherer et Sénécal, 2009). N'oublions pas, comme le rappelle Bourdin (2010a) — qui reprend Schumpeter —, que le développement urbain se joue sur un déséquilibre créateur. Cela se traduit par la recherche de nouvelles manières, voire de conceptions renouvelées, de produire la ville de la part de différentes communautés d'acteurs. Ce rôle peut être endossé différemment de la part des élus, des acteurs privés, des groupes de la société civile, des mouvements sociaux, qui agencent des éléments d'un nouveau discours à la lumière de nouvelles pratiques. À titre d'exemple, depuis la publication du rapport de la Commission mondiale sur l'environnement et le développement (CMED) de l'ONU piloté par Brundtland — communément appelé « Rapport Brundtland » (1987) —, le développement durable s'impose comme une approche dominante dans l'action de ces acteurs et de manière générale tant à l'échelle internationale qu'à l'échelle locale.

Or, l'argument qu'il existe une continuité entre les revendications écologiques, qui avait lieu au cours de la deuxième moitié du XXe siècle, et la mise en place d'un cadre pour un développement durable, défini, médiatisé et articulé à l'action publique depuis un peu moins de vingt ans est généralement assimilé à un mythe (Felli, 2008). Ce mythe, bien souvent reproduit dans les publications scientifiques comme nous le rappelle Felli (*ibid.*), est à déconstruire car il réunit sous une même cause les positions pourtant différentes des environnementalistes et des écologistes. Les environnementalistes font une lecture mécaniste du mode de développement avec l'idée que l'ordre politico-technique — dont l'outil dominant dans les discours opérant de ces dernières décennies est le développement durable — doit préserver et conserver l'environnement terrestre en améliorant de façon réflexive ses modes de production. Les écologistes, quant à eux, mettent de l'avant une lecture critique du mode de développement et reconnaissent la faillite du système en place qui repose sur une démocratie libérale capitaliste (société moderne) qui exploite la « nature ». La crise écologique ne serait alors pas sans rapport avec la crise démocratique.

En effet, cette lecture est plus spécifiquement avancée par les tenants de l'écologie sociale. Pour Bookchin, qui conceptualise cette théorie dans les années 1970-80, il importe « de ramener la société dans le cadre d'analyse de l'écologie » (1993 : 34), car les problèmes écologiques ont bien souvent comme cause les problèmes sociaux. Pour Guattari (1989), l'écologie interpelle même l'interrelation entre les parts des environnements, des rapports sociaux, et de la subjectivité[21]. Tant et si bien que l'écologie traite de la liberté des individus dans la sphère sociale (Bookchin, 2003). Cette lecture vise alors à redéfinir les logiques de production de la société, c'est-à-dire répondre à la crise écologique par une « authentique révolution politique, sociale et culturelle réorientant les objectifs de la production des biens matériels et immatériels » (Guattari, 1989 : 14). Autrement dit, elle pousse à « explorer les « territoires vierges » de la démocratie elle-même » (Heller, 2003 : 245).

Depuis quelques décennies pourtant, le paradigme du développement durable[22] s'est imposé dans les débats. Il a pour vocation d'être le « nouveau » cadre hégémonique auquel se réfèrent les autorités publiques pour la résolution des enjeux liés à l'aménagement des villes (UN Habitat, 1996 ; Gauthier, 2008 ; Bourdin, 2009). Dès lors, et de façon générale, les gouvernements des différentes villes dans le monde sont invités à se doter d'une politique en lien avec les objectifs de l'Agenda 21[23]. Avec l'adoption d'un « Agenda 21 local », l'intérêt des administrations locales est de

---

[21] « Moins que jamais la nature ne peut être séparée de la culture et il nous faut apprendre à penser « transversalement » les interactions entre écosystèmes, mécanosphère et Univers de référence sociaux et individuels » (Guattari, 1989 : 34).

[22] Gauthier définit, à la suite de Jollivet, le concept de développement durable : « Sur le plan normatif, le développement durable réfère, entre autres, à l'intégration des dimensions écologiques, économiques et sociales du développement, à la prise en compte du court et du long terme et à l'articulation des échelles territoriales » (2008 : 165).

[23] L'Agenda 21 est un programme issu du Sommet de la Terre de 1992 et ses objectifs seront repris dans les différentes chartes internationales (Istanbul en 1996) et européennes (Aalborg en 1994) (Bourdin, 2009). De nombreuses municipalités à travers le monde ont adopté un Agenda 21.

transposer les enjeux du développement durable à leur réalité (Gagnon, 2007).

Ainsi, on voit apparaitre de nombreuses pratiques, programmes ou mesures qui ont recours aux principes du développement urbain durable et qui, à des degrés divers contribuent à la production urbaine (Gauthier et *al.*, 2008). Cette orientation fait écho à tout un discours performatif sur la ville durable (Mathieu et Guermond, 2005). De façon générale, les politiques publiques mettent l'accent, dans les villes européennes et nord-américaines, sur l'échelle du quartier comme cadre de vie sur lequel intervenir (Authier et *al.*, 2007). Ainsi, voit-on émerger, dans le contexte européen, la notion de quartier durable. Tandis que dans le contexte nord-américain, la référence au *smart growth*[24] (Ouellet, 2006) fait des émules dans la perspective d'aménager de collectivités viables (Sénécal et *al.*, 2005).

1.2.2 Un intérêt croissant pour la démocratie participative

Face aux critiques de la démocratique représentative évoquées plus haut, on assiste maintenant depuis quelques années en différents points du monde à un redémarrage de l'exercice démocratique (Norynberg, 2001 ; Mendel, 2003). Il s'effectue par le renouvellement des réflexions à ce sujet, ce qu'illustre la démocratie participative (Mendel, *ibid.*), et l'entremise de nouveaux outils, tels que les conseils de quartier (Breux, 2008) ou les budgets participatifs (Latendresse, 2006 ; Rabouin, 2009) expérimentés au Québec.

La démocratie participative offre pour Talpin le potentiel de « ré-enchanter le politique, de ré-intéresser, voire de re-politiser de larges fractions de la population » (2008 : 134). Dans les limites de ce postulat, la compréhension que chacun se fait de la démocratie participative diffère. Elle résulte de régulations aux finalités divergentes, qu'il s'agisse d'une « régulation techno-juridique » à des formes de « gouvernementalité »[25] (Duchastel et Canet, 2004). En effet, le concept de démocratie participative n'est pas univoque et recouvre « des réalités institutionnelles extrêmement hétérogènes » (Talpin, 2008 : 140). Pour d'autres, elle n'est pas encore

---

[24] Ce courant développementaliste, dont son origine remonte au début des années 1960, met de l'avant une lecture alternative des questions d'aménagement urbain, aux États-Unis notamment, et s'inscrit en continuité du cadre du développement durable. Comme l'écrit Ouellet : « [l]e *smart growth* [...] peut être identifié à une série de principes d'aménagement et de développement qui visent essentiellement la préservation des ressources (naturelles et financières) ainsi que la réduction de la ségrégation spatiale sous ses diverses formes (fonctionnelles, sociales, etc.) par la priorité donnée au redéveloppement urbain ; il s'oppose ainsi fondamentalement à l'étalement urbain » (2006 : 176).
[25] Terme préconisé par Foucault pour informer une « stratégie de résistance » qui serait opportun à la démocratie locale en tant que « forme de démocratie de contestation » (Duchastel et Canet, 2004 : 40).

matérialisée et serait à venir (Bacqué et *al.*, 2005). Cette plurivocité de la notion — qui en fait, notamment, son succès (*ibid.*) — nous oblige à considérer deux champs de son application pour, en fin de compte, nous intéresser plus spécifiquement à la seconde : les enjeux autour de son déploiement institutionnel, d'une part, et les appropriations locales instruisant une culture de la participation, d'autre part.

Lorsqu'il s'agit de définir la démocratie participative dans un cadre institutionnel, celle-ci désigne, pour Bacqué et *al.* (*ibid.*), un processus qui vise à :

1) « améliorer la gestion, moderniser l'administration locale » (*ibid.* : 25). La proximité des dispositifs qui découlent de ce cadre permet de combler un manque, où la réponse sociale et urbaine est déficitaire, en associant les citoyens aux décideurs dans l'élaboration de solutions. Elle informe un « principe de transversalité », qui se réalise sur un territoire donné et poursuit la démarche opposée à une verticalité administrative.

2) « transformer les rapports sociaux » (*ibid.* : 28). Chacun des dispositifs délivre un certain degré d'*empowerment* qui renseigne le capital social des citoyens ou des collectivités dans l'action institutionnalisée à laquelle ils prennent part (Talpin, 2008).

3) « étendre la démocratie » (ibid. : 31). D'autres acteurs, groupes communautaires, etc., mettent de l'avant certaines valeurs et agissent comme groupe de pression, selon l'objet que traite le dispositif. Or, les domaines restreints — nous en énumérons quelques uns plus bas — sur lesquels ils agissent soulignent la difficulté de sortir du carcan législatif du modèle politique prépondérant. C'est pourquoi, par exemple, la décentralisation des pouvoirs pilote, en aval, leur requête.

Un quatrième élément, toujours d'après Bacqué et *al.* (*ibid.*), concernerait le renversement du pouvoir délibératif. Dans un premier temps, celui-ci, habituellement dans les mains des représentants, serait partagé au sein de l'espace public : « le modèle délibératif ancre résolument la délibération dans les discussions ordinaires de simples citoyens » (ibid. : 35). Dans un second temps, certaines formes de participation s'harmonisent dans le système représentatif, en lui « injectant » cette variable délibérative propre à la démocratie participative. Elles s'insèrent particulièrement dans les procédures institutionnelles les plus classiques, où l'on remarque « l'articulation des formes classiques du gouvernement représentatif avec des procédures de démocraties directe ou semi-directe » (*ibid.* : 37). En conséquence, bien que les contextes d'implantation de la démocratie participative soient fort variés, ils ne représentent pas moins des « défis communs ». La démocratie participative, dans sa formule normative, fait figure alors d'idéal-type (*ibid.*).

Ceci étant, les différentes déclinaisons (consultative, informative, etc.) à partir desquelles la démocratie participative est mise en œuvre font d'elle un processus complémentaire de la démocratie représentative (Mendel, 2003 ; Rabouin, 2009) ; et dont les pratiques oscillent entre une démocratie directe et une démocratie représentative (Felli, 2006). Par contre, cette position pousse à un point de vue critique pour certains. Felli (*ibid.*), à la suite de Rancière, et en se positionnant en faveur d'une écologie politique, soutient que cette dimension « supplétive », institutionnalisée, de la démocratie participative ne constitue pas réellement un gain de démocratie. En effet, la thèse de la délibération, égalitaire, partagée entre représentants et représentés, serait, *grosso modo*, le résidu d'un imaginaire démocratique, et, où la notion de conflictualité politique n'est qu'esquissée (*ibid.*). À l'inverse, Felli (*ibid.*) soutient, en s'inspirant de Lefort (1986), que la dimension conflictuelle serait à privilégier car constitutive d'un espace politique sain.

À la lumière de ces propos, l'un des enjeux autour de ce regain d'intérêt envers la démocratie révèle un rôle en redéfinition du citoyen dans le processus démocratique. Pour Hansotte (2002), la citoyenneté se trouve être en « mutation » notamment parce que l'évocation d'un tel processus souligne un intérêt croissant du citoyen envers sa capacité à maitriser tant que faire se peut son propre devenir. En effet, Mendel constate un accroissement des revendications des individus pour « prendre en charge eux-mêmes les affaires sociales et politiques — pour autant qu'elles font partie de leur environnement immédiat » (2003 : 6). Il définit la démocratie participative selon le potentiel de développement individuel et social de chacun dans l'horizon sociétal. Elle prédispose les individus à « acquérir du pouvoir sur leurs actes à l'intérieur des institutions où ils sont présents » (*ibid.* : 90). En effet,

> [l]a démocratie participative met l'accent sur l'individu. Elle cherche à favoriser un pouvoir des individus sur leurs actes sociaux quotidiens, en particulier dans le travail. Elle vise au passage de la société de masse, celle d'aujourd'hui, à une société d'individus sociaux qui développeraient leurs ressources psychologiques dans la dimension privée – qui ne regarde qu'eux – mais aussi dans la sphère sociale (*ibid.* : 40).

27

Le cœur d'un tel « processus démocratique » se retrouve, dès lors, dans une multitude de pratiques participatives possibles[26], et *a contrario* d'une seule caractérisation procédurale. On assiste à « l'avènement de l'individu critique », et, de fait, à « l'établissement d'un lien social particulier entre l'individu et les collectifs auxquels il appartient et, par extension, la société » (*ibid.* : 47).

N'étant plus seulement considéré individuellement en marge du système politique de la démocratie représentative, l'acte citoyen doit faire office d'un enjeu collectif (Parazelli et Latendresse, 2006), là où l'articulation individu-collectif-société constitue le cœur du problème (Mendel, 2003). De même que les conditions de la citoyenneté ont évolué, les énoncés sur lesquels les citoyens prennent position se sont diversifiés. Par exemple, les motivations concourant à l'expression de soi ou à l'action collective sont de plus en plus perméables, nous l'avons vu, à la crise écologique. Par conséquent, revendiquer une démarche de démocratie participative se manifeste par reconnaître l'importance du rôle du citoyen dans l'appréhension heuristique de la société. À l'heure du développement urbain durable et de la gouvernance urbaine à l'échelle métropolitaine, faire le jeu de cette « forme de démocratie de contestation » signifie prendre le pari de l'appropriation des enjeux relatifs à la planification et la gestion urbaines par les citoyens.

1.3 Présentation du contexte urbain montréalais

À l'instar des autres grandes villes des pays industrialisés, Montréal a connu différentes phases successives de développement depuis la fin de la Deuxième Guerre mondiale. Faisant office de première métropole industrielle canadienne au cours des trente années post-Guerre mondiale, son statut s'est peu à peu transformé à la suite du déclin de son secteur industriel au cours des années 1950-70. Le développement du secteur tertiaire transforme les structures économiques de la métropole et bouleverse l'organisation spatiale et l'activité humaine telles que produites jusqu'alors. Ce type de développement économique produit à l'échelle montréalaise « une mutation des formes de l'étalement urbain » (Collin et Mongeau, 1992 : 5). Et plus généralement, les canons de l'aménagement urbain fonctionnaliste nord-américain de la deuxième moitié du siècle dernier y sont respectés ; ce qui a une conséquence — comme nous le verrons — quant à la perception que tous se font du devenir de la métropole.

---

[26] Pour Mendel, la démocratie participative « trouve sa place aussi bien dans les organisations politiques et syndicales [...] que dans les entreprises économiques et les diverses associations » (*ibid.* : 9).

Au point qu'aujourd'hui la Ville de Montréal a une population d'environ 1,6 millions d'habitants (Statistique Canada, 2008), alors que l'agglomération métropolitaine, en compte environ 3,7 millions (Communauté Métropolitaine de Montréal, 2008). Celle-ci est maintenant dans sa phase de métropolisation. Remarquons, à l'instar d'Alvergne et Latouche (2009), qu'à l'échelle internationale, Montréal fait partie intégrante du réseau de l'économie-monde dans lequel elle influe, en partie grâce à certains secteurs d'activités économico-culturels[27]. Tandis que, à l'échelle nationale, ses compétences législatives, maitrisées par les gouvernements provincial et fédéral, lui font défaut. Montréal doit, selon ces auteurs, composer avec des responsabilités qui dépassent un cadre institutionnel trop restreint. De façon générale, Montréal se décline en trois échelles interdépendantes : la première concerne la métropole, la deuxième la municipalité, composée d'arrondissements (troisième niveau). Chaque échelle est dotée d'une instance politico-administrative, allant de la Communauté Métropolitaine de Montréal regroupant 82 municipalités à la Ville de Montréal et ses 19 arrondissements à l'échelle infra-locale. Ce qui cause, par conséquent, son lot de problèmes et entraine, dans certains cas, la remise en cause de ce modèle de gestion urbaine. L'adoption récente du *Premier plan stratégique de développement durable de la collectivité montréalaise* en 2005 par la Ville de Montréal (Ville de Montréal, 2005) laisse supposer que l'ensemble du territoire métropolitain est en prise avec des problèmes relevant du champ de l'écologie, mais aussi des champs économique et social.

Sur un registre institutionnel, la Ville de Montréal se démarque par l'ensemble de ses outils de consultation et de participation publique ; ce qui stimulerait une « culture participative » particulière[28] (Neveu, 2007). Gauthier (2008), en retraçant l'historique de ces pratiques institutionnelles en cours à Montréal depuis les années 1960, fait état des évènements marquants qui ont ponctué l'avancement des politiques publiques montréalaises dans leur ensemble. Au début des années 2000, la Ville de Montréal doit faire face à une réforme municipale[29]. Dans le cadre de cette réforme,

---

[27] Ce que traduit toute une « critérologie » avec son lot d'indices mesurant le dynamisme de son développement (Alvergne et Latouche, *ibid.*).

[28] De façon générale, les cultures participatives sont « entendues [...] comme autant de processus d'appropriation et de constructions du politique dans différents contextes (sociétés locales, mouvements sociaux, autorités étatiques, organisations transnationales, etc.) » (Neveu, 2007 : 18). Elles rendent compte « des dynamiques complexes d'appropriation et de production de nouvelles pratiques, d'hybridation et de réinvention du politique qui apparaissent » (*ibid.* : 17-18) dans un lieu.

[29] Le plus récent découpage municipal de la Ville de Montréal a été instauré en 2006 après un cycle de fusions municipales, puis de défusions. En 2006, 14 anciennes municipalités se sont défusionnées, mais cela n'a pas affecté l'autonomie dans la gestion des 19 arrondissements constituant la Ville de Montréal

une nouvelle entité territoriale et administrative se voit attribuer des pouvoirs et des budgets : l'arrondissement. Elle est notamment responsable des services de proximité et de la voirie concernant les rues dites locales et collectrices. Ces changements vont influencer la dynamique d'action des groupes communautaires et des comités de citoyens qui s'étaient habitués à faire valoir leurs intérêts auprès d'élus locaux qui n'avaient aucun pouvoir ni budget pour répondre à leurs demandes.

Quelques années plus tard, on assiste à l'émergence de plans et de politiques qui défendent les valeurs du développement durable. Dans un contexte où la consultation est valorisée et où la participation des citoyens est vue comme essentielle dans la mise en œuvre de politiques publiques métropolitaines et locales, des politiques sectorielles, comme le *Plan Stratégique de Développement durable*, le *Plan de transport*, la politique de l'arbre, la politique de protection et de mise en valeur des milieux naturels et la *Stratégie de revitalisation urbaine intégrée* (Gauthier, 2008), vont permettre de nouvelles alliances dans les quartiers pour mobiliser une partie des financements que permettent certains de ces programmes. À l'origine, le Sommet de Montréal tenu en 2002 a joué un rôle majeur :

> [Le Sommet de Montréal] a mobilisé au delà de 300 délégués, a été précédé de sommets d'arrondissement, de sommets sectoriels et d'ateliers thématiques. Il a permis de dresser un état de la situation et une liste de 200 priorités d'action pour le développement de la Ville de Montréal. On retrouve parmi ces actions prioritaires l'élaboration du plan d'urbanisme et de plusieurs politiques urbaines sectorielles, telles que la Politique de protection et de mise en valeur des milieux naturels, le Plan stratégique de développement durable et le Plan de transport, ainsi qu'une multitudes d'initiatives en matière de démocratie locale (*ibid.* : 172-173).

Il a, en autres, permis le renouvellement du dialogue entre la société civile et la nouvelle administration municipale dirigée par le maire Tremblay (*ibid.*).

Par ailleurs, Montréal fait partie des quelques 1 200 villes dans le monde qui ont opté pour l'expérimentation d'un Budget Participatif (BP) (Sintomer et *al.*, 2008). Cette initiative fait plus précisément suite à l'expérimentation de ce projet par des élus de l'arrondissement du Plateau-Mont-Royal et l'implication au préalable d'acteurs de la société civile, à laquelle le CEUM n'est pas étrangère.

(Gauthier, 2008 : 163). L'article 49 de la Loi 33 modifiant la Charte de la Ville de Montréal propose une décentralisation des pouvoirs du conseil de la Ville vers les conseils d'arrondissement. Les conseils d'arrondissement de la Ville de Montréal « [peuvent] créer les différents services de l'arrondissement, établir le champ de leurs activités » (Assemblée Nationale, 2003 : 9).

1.4 Présentation d'un acteur de la société civile montréalaise : le Centre d'Écologie Urbaine de Montréal

La métropole de Montréal est un terrain fertile à l'étude de pratiques « alternatives » qui lient démocratie et écologie puisqu'elle se démarque par une forte présence d'organisations liées aux mouvements sociaux et, en particulier, au mouvement urbain et au mouvement écologiste. Selon Bourque et *al.* (2006), on compte de très nombreuses organisations communautaires qui interviennent dans différents secteurs d'activités : le logement et en particulier le logement social, le transport, la lutte contre la pauvreté, l'économie sociale et le développement local, l'intégration des immigrants, etc. Parmi ces organisations, le CEUM met à l'épreuve les procédures et les modes de planification et de gestion urbaines traditionnels. Il développe une lecture du développement urbain montréalais et propose l'expérimentation de nouvelles approches qu'il puise dans les champs de l'écologie sociale et de la démocratie participative. Il promeut l'expérimentation d'approches participatives pour un développement urbain durable qu'il met en œuvre principalement à l'échelle du quartier.

Depuis sa création en 1993[30], cette organisation s'est distinguée par son activité auprès de la communauté du quartier Milton-Parc où elle est établie. Le CEUM prend part au débat public en interpelant les élus et d'autres acteurs sur les enjeux du développement urbain montréalais, qu'ils relèvent de l'échelle du quartier à celle de la métropole. Cette organisation intervient, à une échelle plus locale, sur des enjeux d'aménagement de l'espace urbain en mettant de l'avant le rôle des citoyens. Sur un autre registre, elle crée même des espaces publics en organisant une série de Sommets citoyens de Montréal (SC), c'est-à-dire des forums de délibérations citoyennes favorisant l'échange de réflexions entre les citoyens et les acteurs de la société civile à propos d'un développement urbain montréalais alternatif à celui dicté par les élites économiques et politiques. Tant et si bien que certaines de ses contributions ont innové en matière de pratiques démocratiques.

1.5 Problème, question de recherche, questions secondaires, concepts mobilisés et hypothèse

L'objet de cette recherche consiste à analyser la nature des représentations et du discours du développement urbain porté par un acteur de la société civile

---

[30] Le troisième chapitre présente plus en profondeur le CEUM.

montréalaise, le CEUM. Nous voulons voir dans quelle mesure les représentations, le discours et les pratiques mis de l'avant par cette organisation concourent à une approche renouvelée du développement urbain. Pour ce faire, nous avançons l'hypothèse que le CEUM met de l'avant un projet urbain repensé qui repose sur l'appropriation matérielle et idéelle de la ville par les citoyens et un discours qui repose sur les principes et valeurs liés à l'écologie et la démocratie participative. L'idée d'approche renouvelée traduit ici une certaine prudence vis-à-vis d'un propos alléguant un quelconque modèle à l'œuvre. Elle correspond aux éléments qui se démarquent de ceux d'un développement urbain prônés par les élites politiques et économiques favorisant un processus de production urbaine de type fonctionnaliste et l'exercice de la démocratie représentative. Nous insistons également sur le fait que le renouvellement dont il est question ici ne signifie en aucun cas une idée de rupture, mais qu'elle s'inscrit en continuité avec le modèle de développement urbain des élites, tout en ayant l'ambition de le dépasser.

Pour cerner le plus finement possible la signification de l'action du CEUM, il importe de rendre compte de trois éléments, faisant office de questions secondaires : dans la perspective d'un projet urbain, (1) qu'est-ce qui est mis de l'avant, dans le discours et les pratiques, en matière de développement durable ? (2) Quelles sont également les éléments mis de l'avant, dans le discours et les pratiques, en matière de démocratie participative et du rôle des citoyens ? (3) Et finalement, en quoi l'interrelation des éléments du développement durable et de la participation citoyenne dans l'action du CEUM révèle-t-elle une approche renouvelée du développement urbain ?

Les notions et concepts retenus dans le cadre de cette recherche relèvent principalement de la géographie sociale (la présentation complète du cadre théorique et du cadre conceptuel fait l'objet du deuxième chapitre ; ce qui suit représente une synthèse). Par étude des représentations socio-spatiales, nous entendons la manière dont un acteur de la société civile (le CEUM) représente, dans ses dimensions sociales et spatiales, l'espace urbain. C'est pourquoi nous allons mettre en lumière les conditions idéologiques et relationnelles du processus de représentations afin de saisir le premier niveau d'action de l'acteur ; processus exprimant un schéma d'action construit sur la base d'intentions, de déterminations, de désirs, qui caractérisent les images du modèle contemporain de ville disponibles à sa lecture. Les représentations, pour être exprimées et véhiculées, prennent corps et sens avec l'élaboration du discours de l'acteur, véritable objet de médiation entre lui et les mondes social, politique et économique l'environnant. Ces inclinations construites par l'acteur, en fonction des représentations qu'il se fait de la ville et du développement urbain, traduisent l'ensemble de son action par une série de pratiques, validées ou en cours, réussies ou échouées. Dès lors, son projet, de caractère foncièrement urbain, consiste à induire un renouvellement des façons de penser et de faire le développement urbain.

De façon générale, le projet urbain, en tant que notion qui s'inscrit dans les théories urbanistiques et aménagistes, représente une marque de fabrique de l'espace urbain. Il est un outil, une « pratique planificatrice » (Courcier, 2005), ou désigne de façon générale un « urbanisme stratégique » (Lévy, 1999), qui permet la rencontre entre les différents acteurs de l'aménagement urbain. Mais le problème de sa définition reste entier.

Plusieurs ont tenté, avec bien des divergences, de circonscrire ce qu'est un projet urbain (Rémy, 1998 ; Toussaint et Zimmermann, 1998 ; Ingallina, 2001 ; Roncayolo, 2002 ; Courcier, 2005). À défaut d'une définition précise, il véhicule un certain statut : « le projet urbain est sous-tendu par une intuition d'autoréférence qui a, aujourd'hui, un caractère fédérateur » (Rémy, 1998 : 5). De plus, on lui prête un rôle, le projet urbain serait « un point de focalisation autour duquel s'entrecroisent divers acteurs qui s'impliquent dans l'évolution d'une ville donnée » (*ibid.*). Ce rôle et ce statut en font un outil propice à l'« action interactionnelle » dans le sens où « le projet urbain est une démarche d'insertion [de différents types d'acteurs] et d'intégration [à l'action], il propose une ouverture démocratique. L'intérêt général doit être construit progressivement avec les acteurs » (Courcier, 2005 : 69). Cette construction favorise, alors, le débat public de type concertation, en mettant l'emphase sur le consensus entre les acteurs. Ainsi, « c'est la démarche mise en œuvre qui est importante et qui permet d'aboutir à cette idée de compromis » (*ibid.*). Le caractère médiat du projet urbain transparait dans sa logique d'insertion des acteurs. Finalement, le projet urbain représente, pour Bourdin (2010b), une synthèse de l'action urbaine conduite par les pouvoirs publics dans un système de gouvernance :

> Le projet serait alors un dispositif associant des choix stratégiques, des méthodes, les forums dans lesquels on discute, un discours mobilisateur, une organisation de la coopération entre acteurs, des analyses, des actions [des

pratiques] (dans l'aménagement, la mise en place de services, la gestion), des acteurs (*ibid.* : 146).

Le projet urbain illustre l'idée d'un processus qui vise à assurer la gestion régulatrice de l'espace urbain tout en conférant un certain ordre à la cohésion sociale.

Or, le projet urbain ne peut-il se penser sous un autre angle ? Par définition, il prend place dans les lieux de vie des citoyens qui, dans la majorité des contextes institutionnels, n'ont pas d'autres choix que de le recevoir ou, quand c'est possible, de tenter de limiter ses potentiels effets structurants lors des assemblées publiques prévues à cet effet (Courcier, 2005). Cette dynamique à sens unique, à la lumière d'une condition citoyenne changeante, devient source de « tensions » (Manzagol et Sénécal, 2002 : 5). Les citoyens ne peuvent-ils pas en effet concevoir à leur tour une idée de projet ? Ne peuvent-ils pas participer à l'élaboration d'une planification innovatrice basée sur l'action et l'interaction (Proulx, 2008) et dans laquelle ils en sont les sujets ?

Depuis quelques années, le thème du « droit à la ville » est repris par les mouvements urbains, des acteurs de la société civile ou des citoyens pour alimenter les débats autour de la citoyenneté et de la place du citoyen dans la ville (Purcell, 2002 ; Latendresse, 2008 ; Pereira et Perrin, 2011). S'inspirant de la notion du « droit à la ville » de Lefebvre (1968), il s'agît pour ces acteurs, comme le rappelle Isin (Poirier, 2006), de revendiquer le droit d'appartenance des citoyens à la ville en permettant à ces derniers de se l'approprier. À ce titre, « plusieurs mouvements de contestation urbaine ont marqué le XXe siècle : les mouvements sociaux ou écologiques s'inscrivant dans un cadre urbain et contestant les institutions et les structures urbaines, par exemple » (*ibid.* : 3). D'autant plus que l'État moderne basé sur le droit dans lequel vivent les citoyens a tendance à leur confisquer leur « droit de la ville », négociant leur statut de citoyen à la lumière de leur seule relation avec l'État et de fait soustrayant leur appartenance à un territoire urbain (*ibid.*). Il s'agit dès lors, comme le souligne Purcell (2002), d'exprimer une volonté d'ouverture pour une nouvelle façon de faire la politique urbaine de façon générale. Le projet urbain serait pour les citoyens une conquête de leur droit de « jouir » de la ville, donc de participer aux débats et de s'assurer de la maitrise de leur cadre de vie. La mission dans laquelle s'engage le CEUM fait-elle écho à une idée de projet urbain qui aurait pour condition « un droit à la ville » ?

À la lumière de ces éléments, nous avançons l'hypothèse voulant que le CEUM produit des représentations de l'espace urbain qu'il véhicule par son discours. Ces représentations questionnent le régime d'urbanisation de la modernité pour proposer une vision de l'espace urbain qui repose sur le rôle des citoyens quant à leur cadre de vie et leur environnement. L'action du CEUM se démarque dans son approche. En effet, les concepts présentés ci-dessus nous permettent de circonscrire l'interrelation du développement durable et de la démocratie participative comme approche renouvelée du développement urbain.

1.6 La démarche méthodologique

> [I]l existe un enjeu pédagogique qui vise à faire prendre conscience du relativisme scientifique, des méthodes, des résultats indispensables à la légitimation du chercheur adoptant une démarche qualitative qui doit alors justifier et expliciter son positionnement et la pertinence de ce parti pris méthodologique (Molina et *al.*, 2007 : 328).

1.6.1 Un travail s'apparentant à celui de l'« artisan »

Cette recherche, qui relève de la géographie sociale dans son application à interroger les représentations, le discours et les pratiques d'un acteur de la société civile et sa capacité d'action à infléchir un devenir urbain[31], est de type fondamental ; dans la mesure où « la recherche fondamentale est une recherche ayant pour but premier la compréhension profonde d'un phénomène sans que cela ait des applications immédiates » (Bédard, 2008 : 58).

Le travail d'« artisan » entrepris ici inscrit dans son sillage la nécessité d'appréhender notre objet d'étude par le biais d'une approche qualitative. Nous faisons écho à Molina et *al.* (2007 : 331) qui suggèrent le fait que toute méthodologie n'est jamais une entreprise brute mais un alliage de méthodes empruntées que le chercheur (l'artisan) manipule (travaille de ses mains). La démarche que nous adoptons renvoie à l'image d'une « production artisanale », car nous faisons un usage personnel de la boite à outils spécifique à cette approche. Kaufmann rappelle d'ailleurs les exigences demandées à l'apprenti chercheur : « L'artisan intellectuel est

---

[31] Par devenir urbain, nous entendons la façon dont le cadre social et le cadre physique en ville évoluent, que ce soit par changement institutionnel ou l'action d'un mouvement social, l'altération urbanistique ou une métamorphose idéelle.

celui qui sait maitriser et personnaliser les instruments que sont les méthodes et la théorie, dans un projet concret de recherche » (2007 : 15).

De plus, cette recherche tient sa particularité du fait que les représentations du devenir urbain construit par un acteur de la société civile restent peu documentées. Dès lors, l'intérêt, pour nous, est de « découvrir » ce qui distingue la vision de l'acteur en question en rapport à une condition géographiquement et historiquement déterminée, c'est-à-dire le lieu et l'époque dans lequel il engage son action. L'intérêt d'une lecture « géohistorique » vise à éclairer les représentations socio-spatiales d'un acteur et à comprendre ce qu'elles sous-tendent eu égard à son historique. Un tel contexte, que nous présentons dans le troisième chapitre, est à prendre en compte lorsque vient le temps d'étudier l'acteur. Les particularités de ce dernier, desquelles découlent sa structure organisationnelle, sa manière d'appréhender sa mission, de choisir les thèmes sur lesquels vont porter les mémoires qu'il rédige, etc., nécessitent d'en adapter les techniques méthodologiques (Molina et *al.*, *ibid.*).

Par ailleurs, le recours à une démarche hypothético-déductive prend appui sur le cadre théorique et conceptuel développé au deuxième chapitre. Voulant mettre en lumière le projet urbain du CEUM, nous faisons appel à des principes de l'analyse du discours et des représentations (Molina et *al.*, *ibid.*). Cette étude propose d'analyser les représentations et le discours du CEUM de même que ses pratiques pour en soumettre une interprétation. Elle se veut, en quelque sorte, le reflet des activités et de l'approche du CEUM, sans prétendre en épuiser la totalité de la « réalité ». Ainsi, le fait de manœuvrer en marge et de pénétrer les interstices du CEUM grâce à la méthode qualitative et l'emploi d'une stratégie d'étude des représentations et du discours constituent, cette fois-ci d'un point de vue méthodologique, les aspects particuliers de cette recherche.

1.6.2 Le cadre opératoire de l'interface pratico-discursif de l'acteur

> Avant qu'on puisse comprendre l'action, il faut explorer la logique interne d'un milieu social, son langage, et ses modes d'évaluation du monde (Buttimer, 1974 : 248).

Notre démarche méthodologique combine une analyse du discours et des représentations, ainsi que des pratiques construits par le CEUM ; laquelle a pour point d'ancrage notre cadre opératoire. Celui-ci correspond à un schéma établi par une description analogique, pour un meilleur traitement analytique des données (voir figure 1.1).

Pour faire l'analyse du discours et des représentations, nous interprétons les données récoltées « sur le terrain » en les confrontant, à l'aide d'une grille d'analyse, avec les variables et les indicateurs choisis. Cette démarche opératoire a comme point de départ les concepts-clés développés dans notre cadre conceptuel, ceux de « discours » et de « pratiques ». Les variables et leurs indicateurs correspondent au moyen de vérification des éléments théoriques avancés par nos concepts-clés. Pour ce faire, les variables choisies sont celles de « représentations socio-spatiales », d'« échelles d'intervention », d'« enjeux », de « stratégies » et de « champ du pouvoir ».

Procédant selon un artifice de linéarité[32], nous reprenons une à une nos variables, dans l'ordre que nous les avons présentées précédemment, afin de présenter leurs indicateurs.

La variable « représentations socio-spatiales », selon qu'on l'appréhende sous l'angle du discours ou de la pratique, distingue ce qui motive l'acteur (dans notre cas, une organisation de la société civile en tant qu'acteur du devenir urbain) dans la construction de ses représentations (à travers ses propos privés et publics, ses prises de position, ses productions écrites ou orales, etc.) et ses tentatives de les concrétiser. Les rapports aux lieux et aux territoires (le « quartier Milton-Parc » ou la Ville de Montréal par exemple), au temps (de l'instant présent aux « générations futures »), à autrui (un individu ou les citoyens, l'administration, etc.) et à l'altérité (compris d'un point de vue non social, c'est-à-dire les éléments qui interpellent par exemple un rapport à la faune ou à la flore) sont autant d'images qui participent de ses conceptions sociale du développement urbain. Nous identifions aussi les références vernaculaire ou véhiculaire à un imaginaire. À cet effet, il s'agit de rendre compte des différents types de récits d'origines locale ou extérieure (sur des thématiques en lien avec l'architecture, le politique, le communautaire, etc.) qui façonnent l'imaginaire urbain dont certains éléments sont repris, voire recyclés, dans les discours à analyser (Bélanger, 2005). Ces éléments en constituent les indicateurs.

---

[32] L'effet de linéarité propre au travail de rédaction, qui sous-tend un risque de compartimentage, ne saurait réduire la complexité de l'exercice. Le cadre opératoire n'est pertinent que dans la mesure où chaque élément qui le composent interagissent ensemble, mais également parce qu'ils sont ajustés et sont intelligibles l'un en fonction de l'autre.

Les variables « échelles d'intervention », « enjeux » et « stratégies » caractérisent la tension entre ce qui est voulu et ce qui obtenu, entre la volonté d'un agencement socio-spatial — nous définirons et préciserons postérieurement son type — et les moyens mis en œuvre pour le réaliser. Elles permettent la confrontation entre le discours et la pratique. Les indicateurs des niveaux d'échelles géographiques permettent d'en établir la relation possible (le lieu du CEUM, la rue, le quartier, le district, l'arrondissement, la Ville, la métropole). Ils sont sélectionnés sur des critères tangibles, c'est-à-dire en relation directe avec ce qui constitue les ressources matérielles, politiques et administratives du territoire d'action de l'acteur. Ces éléments qui en découlent révèlent la coordination de l'agencement socio-spatial avec l'action de l'acteur.

Avec la variable « champ du pouvoir », nous cherchons à voir les types de relations que le CEUM entretient avec les acteurs qui composent ce que nous appelons sa sphère relationnelle (voir chapitre 3 et 4). Ils sont de plusieurs ordres, constituant autant d'indicateurs : ils peuvent prendre la forme d'une gradation des rapports de pouvoir, qu'ils soient conflictuels, dissonants, conformistes, dissidents, de mobilisation, de partenariats, etc.

Dans notre démarche d'étude des représentations d'un acteur de la société civile (du CEUM), nous justifions, d'un point de vue interne, cette vérification par le jeu dialectique entre les concepts-clés de représentations socio-spatiales, de discours et de pratiques. À travers cet angle de lecture, notre grille d'analyse se présente sous un angle univoque. Elle vise la concordance ou la discordance entre les variables du concept-clé « discours » et ceux du concept-clé « pratiques ». Elles permettent de mettre en lumière la dimension spatiale inhérente à l'action sociale d'un acteur. Ainsi, l'ensemble de cette méthode jalonne le caractère opératoire de notre recherche. Cette lecture dialectique confère une dynamique à l'analyse du discours et des pratiques. Cette dynamique est toujours en cours, elle constitue la base du processus d'action de l'acteur. La figure suivante schématise le cadre opératoire de l'interface pratico-discursif associé au CEUM.

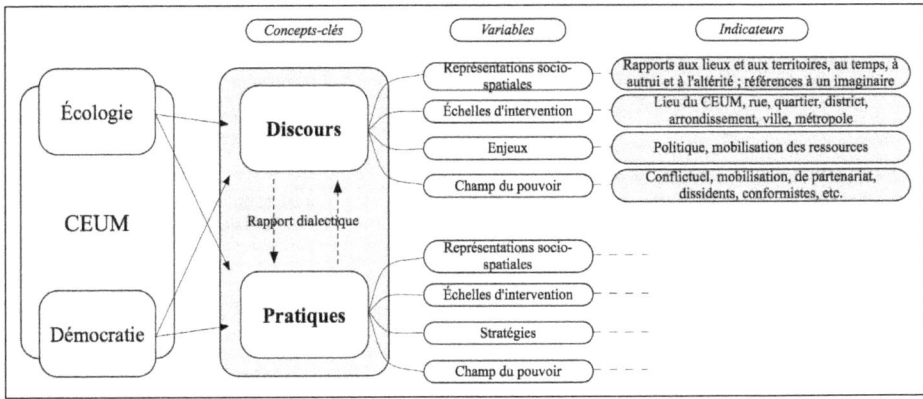

Figure 1-1 : Cadre opératoire de l'interface pratico-discursif du CEUM

Appliquer ce cadre opératoire à l'étude du CEUM met à jour un enjeu particulier, interne à l'action de cette organisation. En effet, celui-ci organise son action autour de deux thématiques principales proposant chacune, de prime abord, un angle de réflexion sur le modèle contemporain de ville. La démocratie et l'écologie, dans un contexte urbain, sont les enjeux majeurs sur lesquels repose l'action du CEUM. L'un des enjeux secondaires de cette recherche est de vérifier s'il y a relation entre ces deux thématiques dans le discours et les pratiques du CEUM. Se basant sur notre cadre opératoire, nous scrutons les degrés d'arrimage possibles entre les deux dont on trouverait les traces dans l'historique de l'organisation.

Ceci dit, notre démarche opératoire s'appuie sur un jeu de rapports à deux temps. Dans un premier temps, nous mettons l'emphase sur la dialectique discours-pratiques. Et dans un deuxième temps, nous voulons voir si cette interrelation se transpose aux thématiques d'activités et ainsi vérifier si cela correspond à la dynamique générale de l'action du CEUM. Ces rapports s'inscrivent sous une formulation de type :

Discours sur l' écologie
- représentations idéelles
- représentations matérielles

Pratiques sur l' écologie
- représentations idéelles
- représentations matérielles

Discours sur la démocratie
- représentations idéelles
- représentations matérielles

Pratiques sur la démocratie
- représentations idéelles
- représentations matérielles

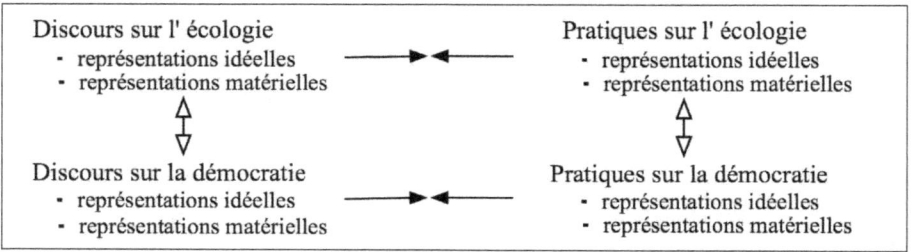

Figure 1-2 : Jeux dialectiques entre le discours et les pratiques et les enjeux écologiques et démocratiques

Ainsi, la démarche dialectique, dans les rapports qu'elle balise entre les différents thèmes étudiés comme l'écologie et la démocratie, l'analyse du couple discours et pratiques, les représentations socio-spatiales, etc., devraient apparaitre tout le long du processus d'analyse.

1.6.3 L'échantillonnage

1.6.3.1 Techniques d'échantillonnage

La collecte de données consiste, d'une part, en douze entrevues avec les administrateurs, membres et travailleurs du CEUM. Elle est complétée, d'autre part, par l'analyse des documents, évènements, rapports annuels et le site Internet de l'organisation.

Notre première technique de cueillette de données est l'entrevue de type semi-directive. Si certains considèrent que l'intérêt de cette technique n'est plus vraiment à démontrer (Molina et *al.*, 2007), attachons lui néanmoins une définition qui justifie notre choix de l'adopter. Pour Savoie-Zajc :

> L'entrevue semi-dirigée consiste en une interaction verbale animée de façon souple par le chercheur. Celui-ci se laissera guider par le rythme et le contenu unique de l'échange dans le but d'aborder, sur un mode qui ressemble à celui de la conversation, les thèmes généraux qu'il souhaite explorer avec le participant à la recherche. Grâce à cette interaction, une compréhension riche du phénomène à l'étude sera construite conjointement avec l'interviewé (2003 : 296).

Elle est employée en fonction d'une « perspective interprétative et constructiviste de la recherche » (*ibid.* : 293). Cette technique permet d'investir, dans

40

toute sa complexité, le matériau discursif oral propre à un acteur tout en étant soucieuse des prescriptions de notre recherche. En effet, elle implique une double exigence que l'on peut relever :

> En premier lieu celle de recueillir, conserver, les objets du discours, les points de vue, les savoirs des personnes interrogées ; en second lieu celle de déplacer, sélectionner, intégrer ces données dans un cadre qui leur est étranger et qui respecte les impératifs de la recherche (Molina et *al.*, 2007 : 321).

La technique de l'entretien, malgré ses vertus, possède par contre quelques limites. Par exemple, la parole du participant ne saurait être complète et exhaustive. Dès lors, il importe, dans notre démarche, de coupler cette technique à celle de l'analyse documentaire.

Cette deuxième technique redouble même d'importance dans notre recherche car les documents produits par le CEUM représentent la « voie » officielle en termes de présentation de la mission, d'annonces d'activités et de projets, de communication médiatique, etc. L'étude du discours écrit s'avère être pertinente dans la mesure où « ces discours étant déjà produits et médiatisés, permettent d'accéder à des représentations dominantes, officielles, en évitant les problèmes de co-construction nés de l'interaction chercheur-enquêté liés à la situation d'entretien » (Molina et *al.*, *ibid.* : 320). En conséquence, pour mener à bien notre recherche, nous nous intéressons aux productions discursive et pratique de l'acteur étudié d'après la combinaison des formes orales et écrites de son discours.

1.6.3.2 Élaboration des échantillons

Nous avons regroupé un échantillon de 12 répondants avec lesquels nous nous sommes entretenus. Nous avons privilégié un échantillonnage choisi une fois la structure organisationnelle du CEUM « dévoilée ». Le principal critère de sélection reposait sur l'appartenance du répondant du CEUM à titre de membre du conseil d'administration (CA), d'employé ou de bénévole dans la période étudiée.

Le choix des répondants s'est fait principalement suivant deux axes. Le premier concerne un axe « thématique » où nous avons retenu des répondants qui ont été actifs en tant que travailleurs et membres du CA, d'autres en tant que bénévoles de groupes de travail sur une des deux principales thématiques d'activités du CEUM, soit l'écologie ou la démocratie. Certains des répondants cumulent ou cumulaient cependant plusieurs casquettes, c'est-à-dire, par exemple, qu'un travailleur peut aussi

41

faire parti d'un comité thématique[33]. Le second met à jour un axe « temporel » décliné en trois temps. Cette périodicité regroupe respectivement la période suivant la fondation, soit la « genèse » à partir de 1997 ; la période médiane, la « consolidation », se situe autour de 2002 ; et la période contemporaine, la « relève », peut partir de 2006 à aujourd'hui. Pour chacune de ces périodes de temps, nous retenons des répondants qui agissent pour l'organisation. Cependant, la sélection d'un répondant, pour répondre à notre intérêt pour tel ou tel axe, n'est nullement basée sur une approche monolithique, c'est-à-dire rigide et cloisonnée. Elle souhaite répondre à la diversité des opinions et des rôles pluriels du répondant inscrit dans un temps lié à sa période d'activité au sein de l'organisme et ce, quelque soit la fonction qu'il occupe. Il est possible, aussi, que des répondants s'inscrivent dans deux, voire trois de ces périodes temporelles. Nous avons conséquemment privilégié des répondants qui jouent sur plusieurs tableaux, même tous, afin de recueillir des vues plus entières concernant le CEUM. Bien entendu, nous tenons compte des refus de participer de la part de répondants originellement ciblés pour notre recherche[34]. Le tableau ci-dessous présente le nombre et les répartitions par axes des participants retenus pour les entrevues semi-directives.

Rôle(s) / Période d'activité	Travailleur et membre du CA	Bénévole d'un groupe de travail Démocratie	Bénévole d'un groupe de travail Écologie
Relève (2006)	7 (2)	2	3
Consolidation (2002)	2	1	1
Genèse (1997)	3 (1)	2	1

Tableau 1-1 Nombre et répartition par axes des répondants retenus pour les entrevues semi-directives

Notre sélection de la documentation écrite du CEUM correspond aux documents de type rapport d'activités annuel, communiqué, mémoire, et autres types de publications diffusés depuis la création de l'organisme. L'étude de ces documents

---

[33] Ce que nous illustrons de la manière suivante dans le tableau 1.1 : le chiffre global, sans parenthèses, représente des répondants qui ont au moins deux, voire trois, rôles. Ils sont alors identifiés deux, voire trois fois parmi les cases « rôle(s) ». Le chiffre entre parenthèses inclut le nombre de répondants qui ont une seule casquette.

[34] Nous avons fait face plus exactement à un refus de la part d'un ancien administrateur de la période de la « consolidation » qui était en même temps bénévole d'un groupe de travail en lien avec les enjeux écologiques.

permet de saisir le discours produit par le CEUM dans une perspective relationnelle et d'observer ainsi les rapports de pouvoir qu'il entretient avec le monde social qui l'environne. En effet, la diffusion de son discours constitue un marqueur d'une situation socio-politique donnée[35], celle-ci correspondant à une dimension de son système d'action qui traduit ses positions et ses engagements du moment — et qui transparaissent dans sa mission.

Pour les besoins de cette recherche, nous avons récolté des documents produits principalement à partir de 2005. De plus, nous ne pouvons toutefois prétendre être en possession de la totalité de ces types de documents produits à partir de cette période. La raison pour laquelle nous n'avons pu récupérer les documents antérieurs est que la création de la part du CEUM d'un nouveau site Internet en 2009 a nécessité un transfert de données sur un serveur interne différent. De nombreux documents ont été « égarés » au cours de ce transfert. Nous avons pu cependant en glaner quelques uns supplémentaires sur Internet. Par conséquent, nous avons récolté un échantillon de 23 communiqués ou lettres et 10 mémoires, comptant pour l'ensemble des années 2003-2010, mais aussi sept rapports d'activités annuels, survolant toute la période d'activités du CEUM, depuis sa création jusqu'à ce jour. Selon la nature du sujet traité dans ces documents (hors les rapports d'activités), nous avons catégorisé ces derniers en six groupes, chacun traduisant un sujet particulier traité par le CEUM (budget participatif (BP) ; quartier vert (QV) ; Sommet citoyen (SC) ; école de la citoyenneté (EC) ; grands enjeux urbains montréalais (GEU) ; divers (DIV), c'est-à-dire des sujets qui ont un lien plus ou moins direct avec l'action du CEUM comme, par exemple, le Plan de transport 2008 de la Ville de Montréal). Le tableau suivant représente la distribution annuelle des sujets traités, selon le type de document, plus les rapports d'activités.

---

[35] Nous regardons les rapports politiques, compris dans le sens d'Arendt (Dodier et *al.*, 2007 ; Lussault, 2009), c'est-à-dire où l'espace n'est pas seulement un contenant auquel l'individu doit s'adapter, « mais aussi et surtout un contenu de l'expérience sociale » (Lussault, *ibid.* : 26), entre l'acteur étudié et les acteurs et agents composant sa sphère relationnelle (*cf.* chapitre II).

Année(s) de diffusion / Types de documents	Antérieur (1996 à 2004)	2005	2006	2007	2008	2009-10
Communiqués ou lettres		3 EC	1 BP 2 EC	1 EC 1 DIV	1 BP 1 GEU 1 QV 6 DIV	3 DIV 2 QV 1 SC
Mémoires	4 GEU		1 GEU	1 GEU	2 GEU	2 GEU
Rapports d'activités	3	1		1	1	1

Tableau 1-2 Distribution annuelle des sujets traités, selon le type de document et rapports d'activités

À ce titre, le cumul des techniques de cueillette de données et la représentativité de notre échantillon structurent la validité externe de notre conduite. La taille de notre échantillon pour nos entrevues semi-dirigées, vu l'effectif total relativement restreint des employés et membres directement en prise avec le CEUM, assure la multiplicité des sources orales. À cela nous associons la pluralité des documents analysés garantissant la validité de notre échantillonnage, source de légitimité de notre démarche méthodologique (Marois et Gumuchian, 2000).

1.6.3.3 Collecte, analyse et interprétation de données

La réalisation des entrevues s'est déroulée de février à mai 2009. Les entrevues duraient environ une heure et ont nécessité un enregistrement sonore de l'entretien. Nous les avons par la suite retranscrites sous la forme de « *verbatim* ». Les entrevues avaient lieu soit au siège de l'organisme, soit à un endroit désiré par le répondant. Elles nous ont permis d'aller chercher directement l'expérience des acteurs individuels, bien que celle-ci nous ait été transmise « dans un espace-temps spécifique » (Savoie-Zajc, 2003 : 312) — l'expérience de l'acteur individuel dépassant largement les bornes de son discours oral. Cette situation, de plus, ordonne de prendre en compte les temporalités décalées entre le chercheur et l'interviewé (*ibid.*). Les thèmes abordés concernaient, dans ses grandes lignes, la mission et les activités du CEUM, et leur réflexion personnelle à cet égard en tant que représentant de l'organisme (*cf.* annexe 1).

La procédure pour garder l'anonymat des répondants sera d'identifier les entretiens par une codification. Ayant rencontré des co-fondateurs, des administrateurs, des employés, des bénévoles des groupes de travail des deux thématiques d'activités, nous proposons identifier par une lettre et un chiffre chaque répondant, en fonction de son rôle[36] (ainsi, pour la lettre : F pour co-fondateur, A pour administrateur, T pour travailleur, B pour bénévole) et de la chronologie des entretiens (ainsi, pour le chiffre : 1, 2, 3, etc., et ce, quelque soit la période de leur activité au sein de l'organisme). Pour finir, les données provenant des discours oraux sont complétées par les données recueillies lors de l'analyse des documents, du site Internet, etc.

Nous avons privilégié le format de la « description simple » lors du traitement des données. Cette méthode permet d'y associer une stratégie de révision de texte.

En ce qui a trait à l'analyse des données, nous avons opté pour une analyse de contenu qualitative des fonds sémiotiques et des entrevues. L'analyse de contenu est un « [t]erme générique désignant un ensemble de méthodes d'analyse de documents, le plus souvent textuels, permettant d'expliciter le ou les sens qui y sont contenus et/ou les manières dont ils parviennent à faire sens » (Mucchielli, 2009 : 36). Ce faisant, nous nous référons à la méthode d'analyse sémiotique des textes et des discours. Cette méthode d'analyse part du principe suivant :

> Tout discours est, non pas un macrosigne ou un assemblage de signes, mais un procès de signification pris en charge par une énonciation. [Il s'agit de] rendre compte des articulations du discours conçu comme un tout de signification. Pour cela, elle met en place un ensemble de niveaux de signification [qui sont par exemple :] des structures sémantiques élémentaires, des structures actantielles, des structures narratives et thématiques, et des structures figuratives (Fontanille, 2009 : 243).

En conséquence, une fois l'ensemble des données recueillies, nous avons procédé à leur classement systématique à la lumière de notre cadre opératoire. Les limites imposées par nos variables et nos techniques de collecte nous poussent à classifier nos données selon des « critères explicites et homogènes » (Sabourin, 2003 : 363). Cette procédure permet de qualifier l'exhaustivité, l'exclusivité et l'adéquation des données triées en rapport avec notre cadre conceptuel (Sabourin, *ibid.*). Pour que, finalement, cette lecture analytique, décontextualisée par notre conduite de chercheur, s'arrime, tant que faire se peut, avec la réalité toujours mouvante de l'acteur que nous étudions. Afin de bien prendre en considération cette

---

[36] Nous ne proposons pas de distinction supplémentaire concernant les répondants qui occupent plusieurs rôles au sein de l'organisation. Nous nous concentrons alors sur le rôle principal qu'ils jouent ou ont joué.

démarche méthodologique, il importe d'établir les cadres théorique et conceptuel sur lesquels se campe notre recherche.

CHAPITRE II

LA CONSTRUCTION DE L'ACTION DE L'ACTEUR : APPROCHES
THÉORIQUE ET CONCEPTUELLE POUR L'ORGANISATION SOCIALE
URBAINE

2.1 Épistémologie et champs disciplinaires géographiques idoines

Dans notre monde contemporain, la géographie n'est plus seulement le scribe des rapports spatiaux de l'organisation sociale humaine. Après une période de doute épistémologique quant au rôle de la géographie, celle-ci se re-découvre une orientation pragmatique (Soubeyran, 2005). Il apparait clair aujourd'hui que son rôle soit moins de porter intérêt à son objet — l'étude des rapports spatiaux —, jamais fédérateur et toujours intersecté par les autres sciences humaines, que de se concentrer sur les finalités de son emploi (Stock, 2008). De fait, et pour confirmer de manière tautologique cette orientation, la géographie est ce qu'en font les géographes (*ibid.*), mais également les individus — ces « géographes parallèles » (Ferrier, 1998). Plus exactement, Stock explique clairement cette option de bon nombre de géographes :

> [J]e pose la question suivante qui a pour ambition de remplacer la question « qu'est-ce que la géographie ? » : « à quoi sert la géographie ? » ou « la géographie pour quoi faire ? » qui exprime le problème non pas par un état, mais par une visée, un projet d'ordre pratique, car il faut « faire » quelque chose (2008 : 24).

Rappelons que notre société occidentalisée actuelle se caractérise notamment par la nécessité pour ses individus socialisés de participer à la compréhension et à la production des savoirs (Bédard, 2000). Cet ordonnancement se met en branle dans un rapport au monde qui porte une plus grande attention à l'interface Nature/Culture, elle-même fondée par une focalisation sur le référentiel habitant, et toujours selon une topochronie (Ferrier, 1998, 2007). Cette orientation caractérise les façons de faire de la géographie qui doivent être indépendantes et ouvertes sur le monde. Ferrier y voit la qualification du projet de géographisation du monde : « cette production de connaissance géographique qui accompagne et rend possible la double entreprise d'humanisation des hommes et de territorialisation de la Terre, au cœur de la grande aventure de l'histoire de notre planète » (1998 : 16).

Bédard (2006) en précise le rôle opératoire, où finalement la coordination dialogique des rapports Humanité/Nature, Espace/Société et Territoire/Culture, dans sa compréhension heuristique et sur une base relationnelle, permet d'établir les soubassements du projet géographique[37]. Ainsi, ce dernier point consiste en une « figuration »[38] (Stock, 2008) d'un rapport cognitif et logique inscrit dans le projet sociétal et le monde (Bédard, 2006).

> Le projet cognitif de la géographie réside dans le questionnement des multiples manières dont l'espace est constitué/mobilisé par les sciences humaines. La géographie comme discipline scientifique consiste donc en une « figuration », en un ensemble d'humains observant — dotés d'outils spécialisés et forgés à cet effet — d'autres humains dans leurs compétences géographiques mises en œuvre dans différentes actions (Stock, 2008 : 25).

Finalement, devant tant de différences et d'inégalités spatiales caractéristiques de notre société, la discipline doit être mobilisée vers « une meilleure justice spatiale, sans laquelle il n'y aura jamais de justice sociale » (Ferrier, 1998 : 16).

Poursuivant cette approche, la géographie sociale poursuit le projet d'éclaircir l'organisation spatiale de notre société par son inscription dans les sciences de l'action, et notamment par le biais des acteurs et de leurs jeux (Dodier et *al.*, 2007). La géographie sociale favorise l'approche dimensionnelle « en donnant la place qu'elle mérite à l'exploration des articulations entre imaginaires, sociétés et territoires » (*ibid.* : 15). Finalement, poursuivant cette même logique épistémologique, Di Méo et Buléon avancent que :

> [...] c'est le processus de construction permanente de la relation société-espace qui est immédiatement convoqué et qui devient objet de recherche. Dès lors, le projet géographique vise à appréhender toute la globalité sociale, dans sa dimension spatiale (2005 : 5).

---

[37] Projet géographique que Bédard nomme « projet de paysage » mais qui n'en a pas moins la même finalité.
[38] Norbert Elias est à l'origine de ce concept, à savoir ce « qui permet de penser le monde social comme un tissu de relation » (1991 : 12). Concept que Stock développe dans une perspective géographique.

Notre démarche d'explorer la nature du discours et des représentations sur le développement urbain porté par un acteur de la société civile s'inspire de ces réflexions épistémologiques. Les propositions de Lévy (1999) sur le « constructivisme réalisme » introduisent le chemin à paver, puis à emprunter. Cette lecture théorique se détourne des modèles structuraliste et positiviste en mettant l'accent sur « la mise en cohérence de l'acteur et de la totalité sociale dans un système dialogique » (*ibid. :* 11), c'est-à-dire dans un système à la fois « dialectique et « pragmatique » » (*ibid.* : 72). En ce sens, cette approche, qui reconnaît l'intentionnalité de l'action humaine, s'inscrit dans la droite lignée du constructivisme social (Keucheyan, 2007). L'idée maitresse que le CEUM est acteur de la société, celle-ci fût-elle montréalaise — mais pas uniquement —, et dans laquelle son action contribue à la transformation de celle-ci, sert de point de départ de notre questionnement.

La poursuite des propositions de Lévy à cet égard conduit à penser le rôle de l'acteur dans des systèmes sociaux[39] comme concept opératoire dans la compréhension de l'organisation sociale urbaine. Pour qu'au final, ou comme point de départ, l'on puisse considérer l'importance de ce mot d'ordre : « l'acteur dans le système, le système dans l'acteur » (*ibid.* : 49). Pour l'instant, nous n'irons pas plus loin dans ce champ théorique — nous y reviendrons. Mais nous l'évoquons ici afin de semer l'idée et la logique qui prévalent dans le développement des concepts et notions employés dans ce chapitre.

2.2 Une lecture théorique de la géographie sociale

2.2.1 De la représentation socio-spatiale à la mobilisation des ressources en vue de la construction du territoire

> L'espace est la « prison originelle », le territoire est la prison que les hommes se donnent (Raffestin, 1980 : 129).

Nous partons du postulat que l'espace est un « « lieu » de possibles » (Raffestin, 1980 : 130) car il est produit socialement (Lefebvre, 2000). En effet, les

---

[39] Systèmes sociaux caractérisés comme étant hypercomplexes, dialogiques, discursifs, et trajectifs, c'est-à-dire comprenant les « rapports société/nature ou hommes/monde » — concept de trajectivité de Berque où « les hommes projettent leur corps vers l'extérieur mais il leur revient par le langage et les symboles » (Lévy, 1999 : 75).

individus socialisés se projettent sur l'espace[40] et se le représentent. Plus précisément, l'espace devient le jeu de leurs expériences multiples en vue d'y apposer une action mentale ou matérielle et concrète (Gumuchian, 1991 ; Di Méo, 1998). Ainsi, l'espace est une ressource pour les individus socialisés dont l'intention est d'intervenir sur celui-ci. Ces derniers sont identifiés géographiquement comme étant des acteurs[41] ou comme éléments composant un groupe, c'est-à-dire un acteur collectif. Ainsi, pour Gumuchian et *al.* (2003), ce « sont ceux qui réalisent ce passage incessant entre le réel spatial tel qu'il s'offre comme ressource à l'action et l'action comme inscrite dans l'espace » (*ibid.* : 2). Cette intervention, par le biais de représentations socio-spatiales, mobilise les acteurs dans la construction du territoire. De fait, comme l'affirment Gumuchian et *al.* (*ibid.*), l'acteur devient tacitement un « acteur territorialisé » : celui-ci possède une aptitude territoriale adventice qu'il construit au gré de ses capacités individuelles et collectives à penser et à se représenter l'espace, car « tout acteur a une compétence territoriale ; si elle n'est pas juridique ou politique, elle est géographique, c'est-à-dire spatiale, sociale, et culturelle » (*ibid.* : 33). Bref, comme le précise Raffestin, « tout projet dans l'espace qui s'exprime par une représentation révèle l'image souhaitée d'un territoire, lieu de relations » (1980 : 130).

Dès lors, les acteurs se positionnent stratégiquement pour la maitrise de leur situation — ce que Lussault (2000) a défini comme étant des « agencements ». Cet agencement est social (sans forcément induire une idée de hiérarchie mais des jeux de placement (Lussault, 2009)) et a un intérêt éminemment spatial, dans le respect de ses dimensions matérielle, idéelle et politique. Il correspond « à ce qui est en train de se jouer et qui dispose les choses, les langages et les personnes — qui ne l'oublions pas font partie du lieu — en une ordonnance repérable et signifiante de l'action en cours » (Lussault, 2000 : 26). Cet intérêt pour l'espace se trouve être l'origine de la mise en scène des rapports de pouvoir entre les acteurs. Pour Raffestin :

> [...] le pouvoir se manifeste à l'occasion de la relation, processus d'échange ou de communication, lorsque, dans le rapport qui s'établit, se font face ou

---

[40] Partant de ce postulat, nous retenons la définition de l'espace de Lussault pour notre propos, à savoir que « l'espace constitue [...] l'ensemble des phénomènes exprimant la régulation sociale des relations de distance entre des réalités distinctes » (2009 : 20).
[41] Nous légitimons aussi cet emploi en s'appuyant sur le postulat de Lahire, à savoir que son usage s'inscrit dans « un réseau relativement cohérent de termes : « acteur », « action », « acte », « activité », « activer », « réactiver »... » (1998 : 10). Le terme « acteur », ainsi entendu, ne se pose donc pas en faux du terme « agent » (*ibid.*) — différenciation généralement admise.

s'affrontent les deux pôles. Les forces dont disposent les deux partenaires (cas le plus simple) créent un champ : le champ du pouvoir (1980 : 45).

Il introduit cette notion de « champ du pouvoir » comme partie intégrante des enjeux qui résultent de la compréhension de l'espace par les sociétés[42]. De fait, les rapports de pouvoir entre acteurs transparaissent dans l'idée d'une appropriation de l'espace où ils se positionnent dans le but de contrôler un territoire et être ainsi les garants de l'organisation spatiale. Il en résulte une « action territorialisée » (Di Méo et Buléon, 2005 : 32 ; Gumuchian et *al.*, 2003). De plus, il émerge de ces actions qui procèdent du champ du pouvoir un rapport interrelationnel, composant de la territorialité d'un acteur — rapport que nous déclinerons un peu plus loin. L'établissement des rapports de pouvoir entre acteurs est forcément de type politique puisqu'il traite des questions de relations entre individus, et où l'espace constitue un marqueur d'espacement entre eux (Lussault, 2009). Ainsi, l'espace comme support des relations, donc de type politique, s'inscrit dans le cadre de l'action, tel que le définit Arendt lorsqu'elle évoque la notion de « *vita activa* »[43] (Dodier et *al.*, 2007 ; Lussault, 2009).

L'action d'un acteur territorialisé est donc de construire, de s'y établir. Si nous parlons de construction, cela signifie que le territoire n'est jamais un « donné », il est en permanente construction-reconstruction. En effet, la réalité complexe de l'espace-temps ordonne que le territoire soit sujet à renouvellement (Buléon, 2002). La production d'un territoire n'est jamais achevée et fixe. Comme le rappelle Lussault (2000), l'opération de l'agencement est toujours en cours. En cela, il faut comprendre que le territoire se construit en permanence, dans les temps et les échelles multiples, et que le territoire produit n'est jamais vraiment le territoire représenté, bien que les acteurs y aspirent. En effet, poursuivons la réflexion de Raffestin : « [si] le territoire est la prison que les hommes se donnent » (*ibid.*), peut-on s'en évader ? Dès lors, cette construction — le territoire en projet — s'établit par la mobilisation de ressources territoriales (Gumuchian et Pecqueur, 2007). Pour Gumuchian et *al.* (2003), celles-ci alimentent les stratégies poursuivies par l'acteur et reflètent les

---

[42] Enjeux révélés par le paradigme critique en géographie à la fin des années 1970 qui tendait, et qui fait toujours sens, vers une théorie de la relation. La relation existentielle (le rapport non contraint, l'autonomie) était envisagée comme se libérant de l'asymétrie des relations rationnelles enclenchées par le productivisme de l'économie politique classique, en quête de pouvoir. L'équilibre de l'articulation société-nature est dans la ligne de mire de ce « projet géographique » envisagé par Ferrier et *al.* (1978).
[43] C'est-à-dire où l'espace n'est pas seulement un contenant, auquel l'individu doit s'adapter, « mais aussi et surtout un contenu de l'expérience sociale » (Lussault, *ibid.* : 26), entre l'acteur étudié et les acteurs composant sa sphère relationnelle.

éléments retenus dans leurs échafaudages. Elles conditionnent, dans un premier temps, les réflexions qui concourent au projet de territoire ; c'est-à-dire que : « il faut connaître les ressources pour agir, il faut les comprendre et il faut savoir les mobiliser de la manière la plus efficace possible » (*ibid.* : 59). Réflexions qui, dans un deuxième temps, et interdépendant au premier, permettent de saisir les informations, les interactions, les signes matériels et idéels, etc. — en somme les éléments qui composent ces ressources —, interpelés par l'acteur (*ibid.*).

Dès lors, le territoire peut être compris comme relevant d'un processus de territorialisation. Toutefois, il ne faut pas omettre que le premier traduit une transformation des ressources, qu'il est dynamique spatialement et temporellement, et qu'il est propre à l'acteur (territorialité) — nous allons l'expliquer. À partir de ces aspects, Lajarge pose les enjeux du territoire sous un nouvel angle : « comment passer de l'objet-territoire comme résultat au problème-territoire comme révélateur ? » (2009 : 7). C'est-à-dire, comment éclairer, de ce point de vue, la territorialité comme une disposition pour l'action de l'acteur ?

2.2.2 Territorialisation et territorialité de l'acteur : composantes actives du territoire

La territorialisation nous permet de penser le territoire comme processus, ou plus exactement comme étant en permanente construction-reconstruction (Di Méo, 1998 ; Gumuchian et *al.*, 2003). Quels sont alors les éléments qui permettent d'identifier ce processus ? Di Méo fait l'examen de la territorialisation engagée par un acteur dans sa conquête territoriale en insistant sur trois phénomènes :

> [L'acteur] le considère d'abord comme une construction idéelle émanant à la fois d'un faisceau de déterminations, de discours et de pratiques tant politiques qu'idéologiques, économiques et géographiques. [Il] le conçoit ensuite comme la résultante de représentations qui lui sont propres, ou que véhiculent les autres sur son compte. [Il] le définit enfin comme doté d'une capacité conceptuelle et imaginaire, modulée par chaque individu, riche de l'intériorisation de ses informations sociospatiales, susceptible aussi de s'extérioriser au gré des acteurs et de modifier de la sorte le contenu du monde social environnant (1998 : 9).

La territorialisation est bien l'acte en cours des (en)jeux des représentations mentales, des repères sémiques et des trajectoires de l'information[44] de la conjoncture relationnelle. En effet, lorsque Gumuchian et *al.* précisent que « l'acteur est au cœur

---

[44] Ces deux derniers points constituent les « informations sociospatiales » citées par Di Méo (ibid.).

même du processus de territorialisation » (2003 : 9), ils nous invitent à considérer le point de vue des acteurs dans leur rapport fondamental au territoire. Le territoire est alors cet objet construit socialement à travers l'acte de territorialisation. Il est la justification d'une façon d'habiter l'espace que chaque acteur se partage ou revendique. Construit dans une relation entre matérialité et idéalité, le territoire devient un référent idéologique et identitaire que les pratiques spatiales de l'acteur révèlent, et qui sont alimentées par ses représentations. La territorialisation est le point de convergence matériel, idéel et politique que l'intentionnalité de l'acteur sous-tend et qui, par réciprocité, éclaire l'identité, les valeurs, le sens de l'action, les motivations, etc., en conséquence, tout ce qui compose le construit de l'acteur. La territorialisation met subtilement en évidence cette construction territoriale, la territorialité. Citons Gumuchian et *al.* :

> Entre matériel et idéel, le territoire constitue un objet instable dans la durée ou du moins susceptible d'être affecté par des modifications concernant aussi bien sa structuration que sa dynamique. Par son référentiel idéologique (qui peut aller jusqu'à un référentiel du type idéologie spatiale), par l'inscription quotidienne de pratiques singulières sur un support spatial donné (déplacements, trajectoires, participation à des flux de nature variée), par l'élaboration progressive de discours d'accompagnement ou de justification (a priori ou a posteriori) des actions dans lesquelles il se trouve impliqué, l'acteur se crée une territorialité propre (2003 : 9).

La territorialité devient le centre d'attention des regards portés sur le territoire car elle est un des éléments factoriels majeurs porteur d'évolution, voire de changements, des conditions ou des façons d'habiter des acteurs territorialisés.

Dans un second temps, la territorialité ancre et arrange les ressources nécessaires, matérielles et idéelles, informationnelles et relationnelles, spatiales et temporelles, déclinant l'intentionnalité territoriale de l'acteur. La territorialité propose à la construction, elle oriente les choix, elle rend possible l'action (Lajarge, 2009). Cependant, avant de poursuivre cette idée, qu'entendons-nous par territorialité ?

La territorialité s'établit à partir du lieu. Le lieu, « plus petite unité spatiale complexe » (Lussault, 2007 : 98), est un espace de grande échelle, porteur d'un sens social, identifiable par sa netteté limitative, et complexe « parce que la complexité du monde s'y retrouve » (*ibid.*). Comme Di Méo (2000) l'a remarqué, le lieu puise sa force de son enclavement et de la contiguïté qui y est disponible. En même temps, le territoire peut englober plusieurs lieux. Et le territoire est le réceptacle des symboles et des sens multiples de ces lieux. Le lieu est ainsi le créateur d'une force symbolique. De ce fait, la territorialité est le catalyseur du champ des symboles. Ce champ des symboles est un marqueur puissant des intérêts matériels et idéels de l'acteur car il conditionne de façon primaire le sens possible alloué au territoire. Si le territoire est « la prison que les hommes se donnent », c'est parce qu'il véhicule les préoccupations du moment d'un acteur donné. Pour reprendre la pensée d'Halbwachs :

> La territorialité symbolique revêt une importance sociale encore plus grande si l'on admet [...] que « tout se passe comme si la pensée d'un groupe ne pouvait naître, survivre, et devenir consciente d'elle-même sans s'appuyer sur certaines formes visibles de l'espace » (cité in Di Méo, 2000 : 41).

Le lieu renforce son caractère social et plein lorsque celui-ci est en harmonie avec la double dimension des représentations et des pratiques, que leur interrelation nourrit. Ainsi, le lieu

> [...] s'inscrit comme un objet identifiable, et éventuellement identificatoire, dans un fonctionnement collectif, il est chargé de valeurs communes dans lesquelles peuvent potentiellement — donc pas systématiquement — se reconnaître les individus (Lussault, 2007 : 105).

Récemment, Di Méo et Buléon ont défini trois interfaces de la territorialité :

> [...] celles de l'expérience existentielle de chacun, celles de la co-détermination dialectique du sujet et de son contexte social, celles de l'organisation de l'espace géographique objectivé (phénomènes de polarisation, de gravitation, de diffusion, etc.) que les enjeux sociaux (re)signifient en permanence (2005 : 82).

Elles permettent de donner une dimension supplémentaire, politique, que celle du rapport au lieu dans une perspective symbolique tel que décrit plus haut. Cet appui au lieu de la territorialité se complète des interrelations sociales entre les acteurs (et individus socialisés, etc.). Comme nous le rappelle Raffestin (1980) et sous l'influence de la pensée de Soja, l'individu socialisé se co-construit dans son rapport à l'altérité. Ce constat fait aujourd'hui l'évidence « car à travers tous les grands rapports qui font le monde, c'est toujours, *in fine*, la question du rapport à l'autre qui est posée, comme symétriquement de celle du rapport à soi » (Lazzarotti, 2006 : 17). La territorialité relève alors d'une problématique relationnelle, avec pour origine et comme constante le champ du pouvoir, car « [la territorialité] est consubstantielle de tous les rapports [sociaux] » (Raffestin, 1980 : 146). Bien sûr, la territorialité ainsi définie n'est pas complète si nous ne rappelons pas que « l'analyse de la territorialité n'est possible qu'à travers la saisie de relations réelles replacées dans leur contexte socio-historique et spatio-temporel » (*ibid.*). Finalement, la territorialité est ce lien, cette « tension », qui permet à l'acteur de se situer par le biais spatial (Di Méo, 2000). Tension marquée par les références symbolique, historique et visible relatives au(x) lieu(x), et agitée par l'étendue relationnelle. De cette articulation, trois éléments primordiaux sous-tendent la construction géographique de l'acteur, sa condition géographique. Reprenons ainsi Di Méo, qui introduit ces éléments constitués pour l'individu socialisé :

> Pour chacun de nous, la territorialité, cette transformation ou réinterprétation à la fois sociale et humaine de l'espace, rassemble trois éléments associés qui nous relient à l'espace géographique. D'abord, notre être au monde sur la terre, notre « géographicité ». Ensuite, le réseau-territoire des lieux vécus. Enfin, les référentiels mentaux d'échelles multiples, toujours représentés, auxquels les pratiques et l'imaginaire renvoient (2000 : 47).

Dès lors, inscrit dans le contexte contemporain de soutenabilité du développement, Magnaghi soutient que « la production de la territorialité » est comprise comme un principe révélateur de production de la richesse (2003 : 27).

Néanmoins, il nous faut préciser que le triptyque territoire-territorialisation-territorialité ainsi présenté ne complète pas la dimension active d'un acteur. Son projet territorial, territorialisable et territorialisé est à harmoniser avec ce qui et ce que définit son action, soit ses dimensions temporelle et politique.

2.2.3 Le territoire en projet, condition de l'action

> Il suffit de ne pas considérer l'espace comme simple matérialité — c'est-à-dire du domaine de la nécessité — mais comme champ nécessaire de l'action — c'est-à-dire du domaine de la liberté (Milton, 1992).

À propos d'une dimension temporelle du territoire, nous nous inspirons du concept de l'« écogenèse territoriale » de Raffestin (1986). L'auteur sous-tend que l'organisation spatiale est disposée par la compréhension et l'assimilation de différents éléments (informationnels, culturels, sémiques, communicationnels, etc.) de telle sorte qu'ils « constituent une sémiotisation de l'espace, espace progressivement « traduit » et transformé en territoire » (*ibid.* : 181). Il souligne le fait que l'articulation du rapport acteur-territoire n'est pas uniquement entreprise de l'intérieur de cette relation mais de l'extérieur, rompant avec cette unité proférée d'une territorialité fortement marquée par les lieux. Da Cunha synthétise la pensée de Raffestin : « les acteurs sociaux produisent du territoire en donnant un sens à leur environnement » (2005b : 13). Ainsi, toujours pour Raffestin, la territorialité se décline vers une temporalité plus qu'une spatialité car elle est influencée par la sémiosphère qui n'est plus « en contact », seulement, avec l'espace. L'auteur pose, ainsi, l'hypothèse que la territorialité serait temporalisée et, conséquemment, sujette à transformation spatio-temporelle. Si bien que cette territorialité temporalisée est fonction des préoccupations présentes et des ressources mobilisées et mobilisables par l'acteur. Elle serait une source potentielle d'une condition géographique dynamique. Pour Gumuchian et *al.*, notamment, « le projet passe par la constitution d'un système d'action qui lui est propre » (2003 : 46), et qui, éventuellement, emprunte à d'autres systèmes d'actions, révélateurs d'autres espaces/territoires.

Dans un deuxième temps, la logique d'entreprise d'un acteur oblige celui-ci à faire des choix stratégiques pour son projet de construction territoriale — la condition spatiale de son action. Sa capacité de mobilisation des ressources, internes et externes, reflète son ancrage territorial dans la société qu'il contribue à transformer. La société étant elle-même dans l'acteur, cette transformation l'affecte également et bouscule les essences de cet ancrage. La nature de l'action de l'acteur s'en retrouve imputée par une société qui bouge, celle-ci cristallisant les enjeux et les préoccupations du moment. De fait, quelle est la portée de l'action ainsi entendue ? Citons Lajarge :

> Si l'on considère que l'action est l'orientation des efforts pour atteindre un résultat, permettant une transformation de la réalité sociale, un déplacement des choses, des idées et des gens vers un nouvel agencement de ces choses, idées et/ou gens et si l'on considère que la position relative dans l'espace est ce à partir de quoi on peut orienter ses efforts, faire ces transformations, réaliser ces déplacements alors l'action est par essence spatiale (2009 : 10).

Pour bien comprendre la portée (réflexive) et la base mobilisable de la dimension spatiale et active de l'acteur — sa territorialisation —, continuons cet emprunt :

Dans ce déplacement, se joue non seulement l'équilibre des forces entre des visées divergentes, la construction de nouvelles représentations sur ce que doivent être les résultats à atteindre mais aussi les conditions constitutives des interactions qui permettent l'action. Mais pour que l'action soit possible, il est donc nécessaire que certaines conditions préalables à l'action soient connues par l'acteur, que l'acteur soit en capacité de rendre actif ce qu'il connaît et enfin que les interactions dans lesquelles se trouve cet acteur autorisent qu'il déroule son action (ibid.).

Les apports des théories constructivistes et interactionnistes interpellent le sens géographique de l'acteur lui-même dans l'action à produire — dans sa territorialisation (*ibid.*). De fait, « appelons « territoire » ce travail préalable de stabilisation des conditions constitutives de l'action et « territorialité » ce qui est mobilisable (activable) pour agir » (*ibid.*).

Par conséquent, un acteur voit son projet territorial et entreprend son devenir car il est ressourcé des signes, internes et externes, concourant à sa volonté et sa possibilité d'infléchir cette entreprise. L'action ainsi mobilisable, territorialisée, renvoie à un caractère pragmatique car « on active un réseau (d'alliés, de pression, de connivences, d'influence, …), des moyens (nouveaux, bricolés, spécifiques, …), du temps (de présence, d'engagement, de persuasion, …) afin de rendre l'action possible » (*ibid.*). De plus, les répercussions que traduisent cet engrenage font que :

> […] l'action en public, génère toujours une construction de l'agir sous l'influence directe des autres, de leur jugement et de leurs choix [...]. Le régime de « territorialisation avenante » sera ici celui qui construira l'action en propre, qui fera advenir l'action à partir des autres et en fonction des autres actants, au sein de cette stabilisation des conditions constitutives de l'action qu'est le territoire (*ibid.* : 11).

Alors, ce régime d'action révèle hypothétiquement une territorialité basée sur des espaces de légitimation, c'est-à-dire où s'expriment des rapports de pouvoir auprès des autres acteurs et agents qui assurent tant que faire se peut la stabilité territoriale de l'acteur, ces rapports étant évolutifs dans le temps. Bref, la construction du territoire focalise la territorialité temporalisée comme composante à actionner pour l'action. De fait, le projet mobilisé articule la territorialisation en cours de l'acteur.

2.2.4 Le constructionnisme géographique

À la lumière des éléments définis, déclinons le développement paradigmatique du constructivisme de Lévy (1999). Ainsi, soutenant la posture philosophique que « notre monde serait toujours pré-construit par des filtres, des grilles de lecture, des systèmes de représentation ou des façons d'agir qui configurent notre inscription en son sein et nos interactions avec lui », Orain (2007 : 2) introduit ce qu'il nomme le « constructionnisme géographique ». En effet, le caractère possible de l'espace, la compréhension d'un territoire produit placent notre essai dans le refus de constater une réalité « donnée », immuable, dans laquelle les acteurs seraient les prisonniers d'un système et n'obéiraient qu'aux lois qu'on leur impose[45]. Orain précise que c'est en partant de ce courant de pensée que se déclinent différents éléments théoriques qui nous intéresse directement : « jeux d'acteurs, construction sociale des territoires, négociation des représentations urbaines, etc. » (*ibid.* : 4). Ils sont puisés d'une géographie anthropocentrée, c'est-à-dire « s'intéressant au « vécu », aux « représentations », au « bien-être », à la « justice spatiale » » (*ibid.*), et de la géographie des représentations, préconisant « l'avènement global d'une géographie des territoires durant les années 1990 » (*ibid.*). De fait, sont observées des réalités sociales, considérées dans leur spatialité, qu'animent en particulier ses acteurs. Nous partageons, ainsi, les propos de Di Méo et Buléon :

> [L]e projet géographique vise à appréhender toute la globalité sociale, dans sa dimension spatiale. Plus qu'un « déjà donné », plus qu'un arrière plan statique ou inerte, un tel bloc de réalités sociales, considéré dans sa spatialité, révèle alors toute sa fertilité dynamique ; celle qu'impulsent en particulier ses acteurs (2005 : 5).

Gumuchian et *al.* (2003) renchérissent également le propos territorial associé à l'action en projet de l'acteur : « Toute construction territoriale est l'objet d'intentions, de discours, d'actions de la part d'acteurs qui existent, se positionnent, se mobilisent qui développent des stratégies pour parvenir à leurs fins » (*ibid.* : 169). En cela, le

---

[45] Il nous faut préciser que nous parlons de territoire mais sans vouloir le surimposer. En effet, pour Lajarge (2009), le but pour le chercheur n'est pas de créer un objet mais de tenter, par le biais de filtres, de déchiffrer la dimension d'action (active) du territoire de l'acteur. Ce qui laisse sous-entendre qu'il faille donner un certain crédit à la territorialité comme capacité pour l'action, c'est-à-dire pour la territorialisation. Ainsi, le constat suivant révèle les lacunes théoriques des connaissances géographiques passées et appuie l'idée de changer un des modes d'interprétation de notre société : « La géographie s'occupait donc bien des hommes en action depuis longtemps, mais finalement moins des humains agissants que de leurs actes alors que ceux-ci produisaient des résultats matériels, tangibles, formels, repérables, localisables ou situables. Des actes manifestés dans du territorial tangible, oui ; des faiseurs d'actes, moins » (Lajarge, *ibid.* : 9).

constructionnisme géographique tient une position relativiste (*ibid.*), éclairant les circonstances (sociale, politique, etc.) de la société.

Dans notre recherche, nous appréhendons, à la lumière de cet ordre d'idées, les concepts de représentations socio-spatiales, de discours et de pratiques tels que nous les retrouvons construits par le CEUM.

2.3 Le cadre conceptuel

2.3.1 Les représentations socio-spatiales : une aspiration à l'action

> Toute représentation est une vue qui réclame une vision (Paquot, 2009).

Prenons comme point de départ la définition de la représentation donnée par Godelier (1989) à savoir « [qu']une représentation est une création sociale et/ou individuelle d'un schéma pertinent du réel » (cité in Gumuchian, 1991 : 6). Sans nous attarder sur le processus cognitif de construction d'images représentées, les représentations, ainsi définies par Godelier, sont ce phénomène mental que l'on peut attribuer à un individu socialisé ou à un groupe d'individus dans leurs conceptions personnelles et collectives du monde qui les entoure, et même au-delà. Elles prennent un caractère social lorsque nous les expliquons comme le geste de compréhension, dans ses infinies déclinaisons, du monde ; car, d'après Jodelet,

> [...] ce monde nous le partageons avec les autres [...]. C'est pourquoi les représentations sont sociales et si importantes dans la vie courante. Elles nous guident dans la façon de nommer et définir ensemble les différents aspects de notre vie de tous les jours, dans la façon de les interpréter, statuer sur eux et, le cas échéant, prendre une position à leur égard et la défendre (2003 : 47).

Les représentations prennent un sens social dès le moment qu'elles ont pour but, défini ou indéfini, une conception de soi dans le monde (lieu) et avec le monde (altérité). Ainsi se décline une autre dimension, celle-ci spatiale, du phénomène de représentation. De fait, les représentations n'engagent pas seulement l'appartenance sociale des individus socialisés, mais aussi leur appartenance spatiale, leur localisation. De plus, Paquot (2009) spécifie que « représenter », c'est rendre présent ce qui est absent. C'est un processus idéel de substitution d'images à un réel jugé inachevé. Il ajoute également que représenter implique une dimension temporelle, à savoir que cette absence magnifie le présent. Les représentations socio-spatiales d'un acteur forment un ancrage qui permet d'envisager le réel à combler et pour lequel il lui faut rivaliser d'imagination. Elles soutiennent une construction de la réalité[46] (Keucheyan, 2007). Ainsi, l'exemple du marketing urbain renvoie à une émulation de projections envisagées par les différents acteurs, celles-ci associées à des visions de la ville contemporaine référant à l'imaginaire fécond propre à ces derniers (Paquot, 2009). En contrepoint, « le recours aux représentations [socio-]spatiales permet, de l'intérieur, de saisir la territorialité des groupes » (Gumuchian, 1991 : 20).

La notion de représentation socio-spatiale s'exprime comme l'une des dimensions de ce qui compose l'espace vécu d'un individu socialisé (Gumuchian, 1991). C'est par cette approche que les acteurs confrontent leurs visions de l'espace qu'identifie le réel. De cette façon, les représentations socio-spatiales permettent la construction d'une réalité spatiale que les vécus des acteurs auront mis en exergue ; réalité qui, réciproquement, est le point de départ de la formulation de cette volonté. Gumuchian éclaire cette réciprocité entre espace vécu et représentations car :

> […] dans le vécu quotidien de l'espace, il existe une interaction continuelle entre processus cognitifs et processus normatifs. […] Dans une telle logique, il est possible d'affirmer ensuite que ces images constitutives d'une représentation de l'environnement (social) participent à la construction de la réalité spatiale ; individus et groupes ayant construit et reconnu leur(s) réalité(s) spatiale(s), inscrivent alors des comportements spécifiques (1991 : 38).

Ainsi pensées, les représentations socio-spatiales nourrissent l'espace de sens et de valeurs car elles le conceptualisent par une suite d'images, mais toujours selon un contexte spatial donné. Le lieu étant un champ de symboles, ceux-ci prennent un sens particulier à travers l'action de représentation des acteurs qui imaginent, analysent, schématisent leurs rapports à ce lieu, pour les projeter par le monde, et au-delà. C'est ce qui définit l'idéologie spatiale qui, alors, imprègne fortement les représentations socio-spatiales de l'acteur. Ainsi, comme l'a aperçu Jodelet :

> [L]a représentation sociale est avec son objet dans un rapport de « symbolisation », elle en tient lieu, et d' « interprétation », elle lui confère des significations. Ces significations résultent d'une activité qui fait de la représentation une « construction » et une « expression » du sujet (2003 : 61)[47].

La représentation socio-spatiale, notamment comme acte de « symbolisation »

---

[46] Pour Keucheyan (2007), les représentations, processuelles et relativistes, correspondent à un type de constructivisme — le « constructivisme représentationnel » — somme toute banal, facile à soutenir.

[47] Sans le dire, et tout en l'écrivant, Jodelet spatialise sa définition du concept de représentation sociale.

et d'« expression », permet une compréhension sensitive de l'espace ; l'idéologie spatiale est interpellée. De ce constat, l'idéologie spatiale est la pierre angulaire qui articule les représentations socio-spatiales de l'acteur dans ses constructions identitaire et spatiale. Gumuchian reprend la définition de Gilbert de cette notion et décrit que :

> [L]'idéologie spatiale est un système d'idées et de jugements, organisé et autonome, qui sert à décrire, expliquer, interpréter ou justifier la situation d'un groupe ou d'une collectivité dans l'espace. S'inspirant largement de valeurs, elle propose une orientation précise de l'action historique de ce groupe ou collectivité (1991 : 58).

De fait, l'idéologie spatiale constitue une ressource du moteur social, individuel et collectif, que l'acteur exploite, interprète puis conceptualise. Elle légitime, à la fois socialement et spatialement, l'ancrage de ses représentations. En même temps, elle conditionne et participe à la construction de l'identité d'un groupe. Aussi, à la suite de Keucheyan (2007), il est important de rapporter que l'idéologie spatiale évolue de façon coextensive à des changements produits suite à une intervention « dans le réel » de l'acteur. En ce sens, le rapport de ce qui compose l'idéologie spatiale de l'acteur fluctue en permanence dans le temps, au point que celui-ci soit processuel (Keucheyan, 2007). Dès lors, l'acteur, ou l'acteur collectif, engagent sur cette base idéologique ce que Lussault (2007) a défini comme étant leur identité spatiale — elle-même processuel et, de fait, non substantielle (Keucheyan, 2007). Par exemple, Turco (1985) précise que « nommer l'espace, c'est produire du territoire : évoquant les « actes territorialisants » » (cité in Gumuchian, 1991 : 103). Le symbolisme et le processus d'appropriation jouent en faveur des acteurs construisant le territoire. N'oublions pas que l'identité spatiale est un des trois principes concourant à la notion de territorialité définie par Soja (Raffestin, 1980). La territorialité (se) nourrit (des) les représentations. Toutefois, l'idéologie spatiale n'est pas une approche de la représentation, elle est une condition à la formation de celle-ci (condition idéologique).

Vues de l'extérieur, les représentations socio-spatiales d'un acteur collectivement constitué peuvent apparaître consensuelles. C'est la voie unique qui transparaît, au nom du groupe, dans les volontés et les actions de celui-ci ; par exemple, l'élaboration, pour tels ou tels motifs, de représentations qu'illustrent la convergence ou la confrontation des pensées des individus d'un groupe. De fait, elles tendent vers la même issue, à savoir la formulation d'une pensée communément orientée, sur une base relationnelle. Jodelet explique que :

> […] les représentations expriment ceux (individus ou groupes) qui les forgent et donnent de l'objet qu'elles représentent une définition spécifique. Ces définitions partagées par les membres d'un même groupe construisent une vision consensuelle de la réalité pour ce groupe. Cette vision, qui peut entrer en conflit avec celle d'autres groupes, est un guide pour les actions et échanges quotidiens (2003 : 52).

Cette base relationnelle détermine aussi bien la dynamique de l'acteur, qu'il soit un individu ou qu'il soit un collectif. Cependant, Lussault (2007) considère cette base relationnelle comme forte et pleine de ces contradictions individuelles (condition relationnelle). Cette deuxième possibilité met en lumière, comme nous venons de le voir, un sens particulier de cette dynamique, comme une condition supplémentaire à la formation des représentations. Cette dynamique fait suite au constant rapport entre l'individu et le collectif et leur compréhension réciproque situé dans l'espace et le temps.

Les représentations socio-spatiales, constitutives de leurs conditions idéologique et relationnelle, fondent le premier degré de l'action de l'acteur. En phase avec son contexte d'énonciation, celui-ci exprime une intentionnalité visionnaire de son action que caractérisent, dans notre étude, les images de la ville contemporaine disponible à sa lecture. Ainsi, les représentations socio-spatiales sont « déjà une appropriation, […] un contrôle » (Raffestin, 1980 : 130) en prévision de l'action. Comment l'acteur les matérialisent-elles ? Poser cette question l'idée que la représentation se concrétise de façon à être utilisable, depuis sa formulation pensée (idéelle), en passant par le stade de sa formation possible (médiation) (Di Méo et Buléon, 2005), et jusqu'à aboutir à sa forme, en un contenu faisant office de fonction, qui synthétise la pensée de l'acteur (tangibilité). Poursuivant cette logique, son contenant se décline à la faveur du « langage, discours, documents, pratiques, dispositifs matériels » (Jodelet, 2003), etc. Ainsi, le rapport que l'acteur entretient avec l'altérité, par ses représentations en fonction, est un rapport de médiation. Les représentations socio-spatiales explorent alors, par l'exercice médiatique, les moyens pour les acteurs d'exister, par eux-mêmes dans un premier temps, puis aux yeux des autres dans un second temps, c'est-à-dire en s'identifiant dans un système relationnel. Raffestin l'avait déjà aperçu, « tout projet dans l'espace qui s'exprime par une représentation révèle l'image souhaitée d'un territoire, lieu de relations » (1980 : 130).

2.3.2 Les constructions discursives de l'action de l'acteur

La communication est un acte fonctionnel de l'acteur par excellence. Elle peut se décliner selon différents formats, et, selon ses usages, son issue provient d'objectifs définis par les acteurs, toujours en concordance avec leurs subjectifs. Appuyant ce postulat, Jodelet démontre :

> […] l'importance primordiale de la communication dans les phénomènes représentatifs. […] Elle concourt à forger des représentations qui, étayées sur une énergétique sociale, sont pertinentes pour la vie pratique et affective des groupes. Énergétique et pertinence sociales qui rendent compte, à côté du pouvoir performatif des mots et des discours, de la force avec laquelle les représentations instaurent des versions de la réalité, communes et partagées (2003 : 66).

Le discours, identifié comme acte de communication, en est une variable édifiante de sens. Lussault (2007) éclaire le rôle du discours dans l'économie de l'acteur. Ainsi, et avant toute chose, qu'est-ce qu'un discours ? C'est tout simplement ce qui « [circonscrit] l'ensemble des réalisations orales ou écrites » (ibid. : 220) d'un acteur (d'un individu socialisé). C'est ce qui se dit ou se fait, accouchés des représentations, qui construisent le discours. En effet, « chaque acteur en agissant élabore une économie sémiotique : il produit et diffuse des énoncés, qui prennent des aspects fort variés, de la parole « spontanée » jusqu'aux textes ou aux icônes les plus construits » (ibid. : 219). Cette sémiotique progresse, évolue dans le temps en conséquence ; c'est ainsi que l'auteur reprend l'image de Wittgenstein (2005), des « « jeux de langage » […] qui dans leur multitude, leur ouverture, leur indécision, leur évolutivité constante nous servent à façonner le monde au sein duquel nous existons » (ibid. : 220). Le discours est toujours dans un rapport de possibilités spatiales avec ce qu'il énonce, et cette spatialité se révèle selon sa « performance ». Plus spécifiquement, Mondanda démontre l'importance de « prendre les discours comme objets » (2000 : 166) dans le but d'éclairer leur nature comme un processus configurant des acteurs. L'auteure décline les dimensions du discours dans une perspective de l'action où est mise en avant sa capacité interactionnelle structurée dans le contexte de sa démonstration. En effet, Mondanda démontre

> [qu'] il en résulte une puissance configurante du discours envers ses objets, la réalité qu'il décrit, les faits qu'il prétend rapporter, qui ne lui préexistent pas mais émergent de pair avec sa forme, son organisation interactionnelle, son ajustement contextuel, définissant ainsi la dimension performative de tout discours social (2000 : 167).

De plus, précisons que d'un objet, il en devient outil. Gumuchian et *al.* considèrent l'importance du discours dans l'action territoriale de l'acteur ; de sorte que « [d]ans le triptyque territoire — intention — action, le discours occupe une place centrale : c'est le vecteur, par définition, du sens accordé au territoire en projet, en construction, en recomposition » (2003 : 85). Ainsi, la performance et le caractère outillé du discours trouvent un écho à l'approche constructiviste que nous empruntons.

Ce point observé, le discours est le cadre prêt à accueillir, jusque dans ces moindres recoins, l'œuvre de l'acteur, c'est-à-dire ses projets, sa mission. Il est la toile aussi, qui exprime les expressions projetées et qui ont une cohérence lorsque qu'elle offre son support pour une lisibilité commune des valeurs, des idées, de la spatialité de l'acteur. Finalement, le discours est le tableau, la toile (contenu) et le cadre (contenant) réunis, toujours en cours, jamais parfait, ou souvent incompris, et qui jamais ne satisfera l'acteur, celui-ci cherchant sans cesse à l'améliorer, à le rendre plus performant. En effet, il y projette ses représentations socio-spatiales, toujours supportées par et pour l'espace, qui font cohérence sur l'instant et qu'autrui comprend, ou pas. L'objectif du discours est de faire corps avec la résolution d'être de ce monde et en face du monde, tout en considérant son pouvoir d'anticipation par rapport à l'élaboration de nouveaux enjeux, de nouvelles représentations. Nous pensons ainsi comme Lussault : « Un discours […] doit être considéré comme une véritable pratique [socio-]spatiale, à la fois un dire et un faire qui forment et transforment (de) l'espace » (2007 : 220). L'espace a un sens dans le langage qu'on tient sur lui.

2.3.3 Les pratiques comme activation de l'action

C'est dans cette perspective enclenchée par le caractère fonctionnel des représentations que découle l'aspect tangible que les pratiques tentent de concrétiser. Pour continuer dans la logique de notre section précédente, les pratiques accouchent de la visée exprimée à travers les représentations. Les pratiques sont immanquablement les tentatives de prolonger l'idée dans la réalité voulue par l'acteur, et, réciproquement, elles ré-actualisent de nouveaux enjeux pour ce dernier[48]. Une spirale se rajoute par l'agir (Molina et *al.*, 2007). Les pratiques sont, à la fois, un moyen d'expression pour les acteurs engendrés par les représentations et une autre variable de la communication. Cette ordonnance a comme point de mire, dans ses possibles mais aussi ses limites, les multiples rapports à l'altérité et, également, les ambitions d'éclaircissements, voire de changements, des conditions matérielles et idéelles du réel ; c'est-à-dire l'action en cours de réalisation. Les pratiques sont elles aussi, en ce sens, une médiation (Di Méo et Buléon, 2005).

Ces pratiques, bien entendu, sont éminemment sociales et sont la condition dynamique ayant un impact sur l'espace géographique. Ce postulat émis, Di Méo et Buléon définissent, dans un premier temps, les pratiques socio-spatiales comme étant « tous les déplacements, toutes les fréquentations concrètes de lieux, tous les actes spatialisés que l'individu mène dans son milieu » (2005 : 40). Sous cet angle, les pratiques s'apparentent à une somme de façons de vivre les différents espaces : de vie, vécu, représenté, etc. Elles sont aussi, sous leur forme opératoire, ces variables qui poursuivent les représentations en actes exprimées par les acteurs par leurs capacités médiatrices. Les pratiques sont, en ce sens, une fonction initialisée par les acteurs et qui exprime une communication. Di Méo et Buléon y identifient deux aspects et définissent que « les pratiques sociales créent une communication […]. Elles déclenchent un processus ontologique et évolutif » (*ibid.*). Les pratiques reprennent les schémas d'action proposés par les représentations et tentent de concrétiser les dynamiques idéologiques, relationnelles (dynamique ontologique) dans son contexte spatial de prédilection ; Di Méo et Buléon précisent : « Ontologique, car c'est dans le cadre de ces pratiques que se construisent les identités et les territorialités, à l'échelle de l'histoire individuelle comme de l'histoire collective » (*ibid.*). Et les pratiques reconduisent ce schéma d'action en processus. Elles ne le considèrent non pas comme donné mais l'intègrent comme produit, toujours en cours et évolutif (dynamique évolutive) ; Di Méo et Buléon spécifient : « Évolutive, car c'est au gré de ces pratiques sociales que se modifient ces mêmes identités et territorialités » (*ibid.*).

Les pratiques s'inscrivent selon une logique préétablie : la motivation de

---

[48] Quand cela n'entraîne pas une re-fondation des principes d'action, voire des valeurs de l'acteur.

(re)mettre en cause un ordre en place, qu'il soit social ou spatial (Lussault, 2007). Elles sont, ainsi, source de nouveautés et produisent des représentations en correspondance avec les préoccupations provisoirement remplacées. Elles trouvent, alors, leurs ancrages dans cette constatation qu'au moins un acteur de la société ne trouve pas satisfaction dans les « arrangements » sociétaux en place. Il y a donc une relation dialectique entre représentations et pratiques. En ce sens, et pour reprendre Lussault, « lorsque l'acteur agissant fait avec l'espace (souvent en interaction avec d'autres acteurs), il contribue à la mise en place et en forme de nouveaux arrangements spatiaux, donc il fabrique de l'espace » (*ibid.* : 189). Il y a un besoin incessant, alors, de la part de l'acteur de justifier sa conduite spatiale, de légitimer sa place en rapport avec l'altérité, c'est-à-dire de tenter de maîtriser sa situation. Pour cela, l'objet de ses volontés, visible pour l'altérité, nous l'avons vu précédemment, prend forme dans le discours que l'acteur tient sur sa situation.

Puisque l'espace a un sens dans le langage qu'on tient sur lui, le discours est, à sa manière, une pratique. Gilbert présente cette ouverture par « le discours […] qui exprime la contestation de l'ordre établi […] puis l'affirmation d'une manière différente de produire la communauté [et qui] constitue son point de départ » (2007 : 208). Comme nous l'avons vu, il est le réceptacle des représentations socio-spatiales qui subordonnent les pensées et les volontés de l'acteur. Il est produit en vue de répondre à une étape de la construction identitaire de l'acteur. Il est, en ce sens, une pratique justifiant le rôle en cours de ce dernier.

Mais ne l'oublions pas, les pratiques ne restent qu'un moyen d'identifier l'action à réaliser. Elles centralisent les tensions et les préoccupations du moment que l'on retrouve dans les perspectives de changement et de légitimation en cours de l'acteur et, rétroactivement, alimentées par la société en mouvance. Ce sont, aussi, les logiques et les stratégies de l'action territorialisée définies par Gumuchian et *al.* (2003). En parallèle, l'action territorialisée répond à la théorie constructiviste que nous empruntons. En effet, « ce qui sera mobilisé pour « faire » territoire devra nécessairement être transformé (la connaissance que l'on en a) après avoir été saisi, sans quoi l'action répèterait les formes territoriales existantes » (*ibid.* : 27).

À ce stade de notre développement, représentons, par la figure suivante (2.1), les prémisses développées de notre cadre théorique et conceptuel, que nous appliquons d'emblée au cas du CEUM.

Écologie

Ressources
territoriales

Représentations
socio-spatiales

Discours

Représentations
socio-spatiales

CEUM

Pratiques

Ressources
territoriales

Démocratie

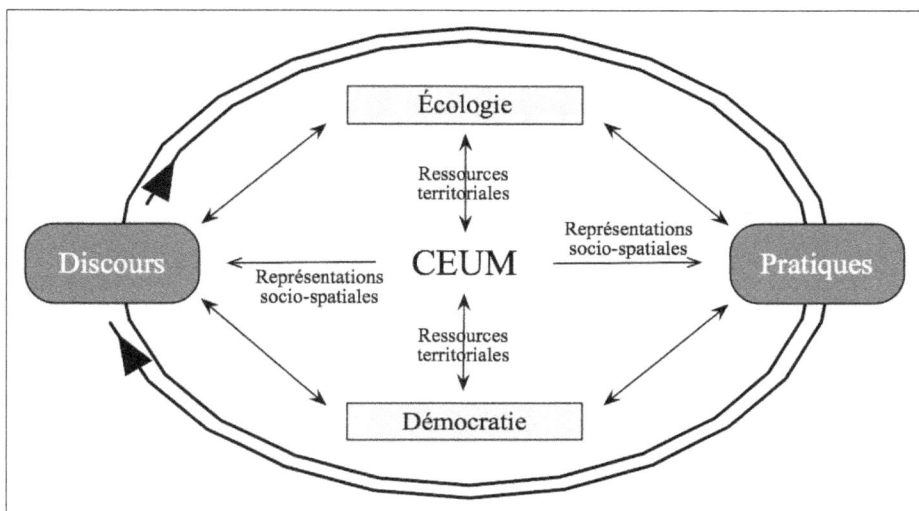

Figure 2-3 Sphère spatio-temporelle de l'action du CEUM

La dynamique spatio-temporelle conscrite dans le rapport dialectique discours-pratiques constitue l'action de l'acteur. Ce rapport est produit en fonction des thématiques d'activités (écologie et démocratie) orientées par l'acteur (le CEUM), d'une part, ainsi que de l'acteur lui-même et de la ressource territoriale active engagée, d'autre part. Dès lors, le discours met en lumière, par le biais de moyens organisés dans une stratégie[49] — nous préciserons plus loin cette dimension —, des possibilités, des scénarios pour l'action (dans le cas du CEUM : en lien avec les enjeux écologiques et démocratiques définis dans l'espace urbain montréalais). Ces derniers ont lieu à différentes échelles, du quartier à la métropole, sur lesquelles se superposent des territorialités dont les relations sont variables. Le discours se concrétise en partie par les pratiques qui en découlent. Celles-ci, selon les lieux où elles se réalisent, et parce qu'elles déstabilisent l'agencement socio-spatial du moment, confèrent une nouvelle dynamique territoriale. Ci-dessus, nous schématisons le modèle généré et incarné par le CEUM.

Avant d'aborder l'analyse de nos résultats à la lumière du développement de

---

[49] Pour Lévy (2003), l'acteur « possède une compétence stratégique, c'est-à-dire une capacité à construire un « horizon d'attente », autrement dit la représentation d'un contexte souhaitable, et à l'assortir des moyens à déployer pour le faire parvenir » (*ibid.* : 873). Cette dimension témoigne d'une disposition active de la part d'un acteur traduisant une série de moyens qui composent un cheminement programmatique de résolutions en vue d'une finalité.

notre cadre théorique et conceptuel, ancrons plus profondément les spécificités de l'action du CEUM en scrutant le contexte historique de son émergence.

CHAPITRE III

DE LA SODECM DU QUARTIER MILTON-PARC AU CEUM DE LA VILLE DE MONTRÉAL : ENTRE CONDITION GÉOGRAPHIQUE ET CONSTRUCTION SOCIALE

3.1 La pré-histoire du CEUM

Le CEUM, auparavant connu sous le nom de la Société de Développement Économique et Communautaire de Montréal (SODECM)[50], est créé en 1993 par un groupe de militants du quartier Milton-Parc à Montréal. Les « leaders » de ce projet se trouvent être deux individus qui ont influencé l'histoire de leur communauté, de leur quartier et, dans une moindre mesure, de Montréal. Avant d'aborder cette organisation, de présenter ses orientations et son action, attardons-nous sur ses soubassements. En effet, qu'est-ce qui a motivé une telle initiative ? Afin de bien comprendre le CEUM, il importe de rendre compte de son passé. Plus spécifiquement, il s'agit d'en exposer la généalogie[51].

3.1.1 L'histoire contemporaine du quartier Milton-Parc

> Lorsqu'une matinée suffit pour entamer la
> destruction de plusieurs immeubles, victimes d'une
> « opération de restructuration urbaine », c'est
> véritablement l'identité des habitants du quartier tout
> entier qui est mise en danger — d'où d'ailleurs des

---

[50] Nous reviendrons plus loin sur les détails concernant ce changement nominal. Signalons simplement que la SODECM est devenue le CEUM en 2006. Si nous employons de manière générique le nom du CEUM dans l'ensemble du livre, nous sommes plus précis dans sa dénomination dans ce chapitre et ce, afin de bien souligner la transformation de l'organisation.
[51] Cette posture, le travail de généalogie, permet de relever les filiations, *via* ces personnalités, entre le CEUM, ses représentations du développement urbain et l'histoire du contexte urbain montréalais — démarche initiée par Nietzsche (1996) lorsqu'il a réalisé son œuvre *La généalogie de la morale*. Ajoutons que cette procédure aligne le fil des circonstances historiques qui rappelle, ce faisant, un constructivisme social (Keucheyan, 2007).

réactions très violentes des populations à ce genre d'initiative. Le temps du spéculateur, de l'ingénieur et de la machine n'est pas celui de l'habitant — qui lui, façonne son identité par rapport au quartier par une accumulation jour après jour d'expériences qui constituent une grille avec ses variations (Noschis, 1984 : 73).

Au cours des années 1960-1970, Montréal, comme d'autres villes d'Amérique du Nord (Hall, 1988), est l'objet de nombreuses transformations urbaines. En effet, depuis la fin de la Deuxième Guerre mondiale, plusieurs quartiers montréalais (*Goose Village*, Milton-Parc, Centre-Sud, parmi d'autres) se sont vus imposés une « opération » de rénovation urbaine par l'administration montréalaise (Gravenor, 1987). Dans un contexte économique où Toronto a ravi la place de première métropole du Canada, l'administration municipale montréalaise de l'époque, sous la responsabilité du maire Drapeau, a pour l'objectif de moderniser Montréal. La réception de l'Exposition universelle en 1967, l'inauguration du réseau de métro à ces fins en 1966, ou encore la construction de la Maison de Radio-Canada en 1973 ont nécessité des aménagements de type fonctionnaliste sans précédents, et soulignant au passage l'« archaïsme » de certains secteurs de la trame urbaine initiale. En ces lieux, des pans entiers de logements qualifiés d'« insalubres » sont démolis dans le but de favoriser le procès moderne d'aménagement de l'espace urbain montréalais (Radio-Canada Information, 2006).

Ce type de politique dite de « rénovation urbaine », motivé par la modernisation de la ville en remplaçant les « taudis » par de nouveaux édifices et de nouvelles infrastructures, s'inscrivait dans le contexte de l'avènement de l'Exposition universelle de 1967 (Gravenor, 1987). En plus de vouloir faire disparaître la pauvreté, une telle politique sous-tendait également des causes foncières : la municipalité proposait des terrains à bâtir ou des blocs de bâtiments à reconvertir dans l'idée de les vendre à des promoteurs immobilier. Cette tendance soulignait la volonté des décideurs politiques, généralement appuyée par les élites économiques, de transformer la ville selon les préceptes fonctionnalistes de l'aménagement urbain. Ce qui ne manquait pas de créer des conflits entre les habitants de ces quartiers sujets à renouveau et les acteurs responsables de ces transformations (Gravenor, *ibid.*, Radio-Canada Information, 2006).

Plus particulièrement, comme l'écrit Gravenor (*ibid.*), si la politique de

70

rénovation urbaine destinait le quartier *Goose Village* à une issue fatale en 1964[52], le quartier Milton-Parc connaissait, quant à lui, un aboutissement relativement bienheureux. Bien que le début des évènements que les habitants s'apprêtaient à subir se révélait passablement amère pour eux.

Ce chapitre de l'histoire du quartier Milton-Parc et son traitement ne sont pas choses nouvelles. Helman (1987) consacre un ouvrage — dont le fil narratif se déroule de 1968 à 1983 — sur cette aventure vécue par ses habitants. La fin de cette publication se termine avec la création par la communauté des citoyens de Milton-Parc d'un des plus grands projets de coopératives d'habitation du Canada. Un documentaire télévisuel, intitulé « Milton Parc, un quartier sauvé de la destruction », raconte en images cet évènement (Radio-Canada Information, 2006).

3.1.1.1 Portrait du quartier Milton-Parc

Situé aux abords nord-est du centre-ville de Montréal (*cf.* figure 3.1), Milton-Parc est aujourd'hui associé à un quartier. Au départ, il s'agît d'un quadrilatère (dont le centre voit le croisement des rues Milton et du Parc, d'où le nom Milton-Parc) où des citoyens organiseront un mouvement de résistance face à un promoteur qui a comme ambition d'y ériger un projet immobilier — la sous-partie suivante présente ce conflit.

---

[52] Gravenor dresse un portrait de ce quartier et résume les conséquences de cette politique menée par la municipalité : « *Goose Village, or Victoriatown, as it is also known, was a compact neighbourhood of twenty acres at the foot of the Victoria [b]ridge, demolished on the recommendation of a 1963 municipal report on the area. Labelled by the document as « dilapidated » and « unclean », the demolition was seen as necessary for the sake of social progress and for the benefit of its residents. Although former residents overwhelmingly claim to have always disagreed totally with this assesment, they complied with the city's decision and in May, 1964, Goose Village was razed in the face of barelly a word of citizen opposition* » (*ibid.* : 2).

Figure 3-4 : Représentation géolocalisée de l'aire définissant le territoire occupé par le quartier Milton-Parc, dans le district Jeanne-Mance de l'arrondissement Plateau-Mont-Royal à Montréal. Source graphique : Google Earth (2010).

D'après Helman (1987), le noyau du quartier Milton-Parc est défini par les rues Hutchinson à l'ouest, Milton au sud, Sainte-Famille à l'est, et l'avenue des Pins au nord. Les rues University à l'ouest, Sherbrooke au sud, l'avenue des Pins au nord, et le boulevard Saint-Laurent à l'est, se trouvent être les frontières actuellement reconnues d'un périmètre plus large que le seul noyau précité. Les universités McGill et UQÀM ceignent, l'une à l'ouest et l'autre au sud, ses bordures — la figure suivante (3.2) permet de se faire une meilleure représentation du quartier.

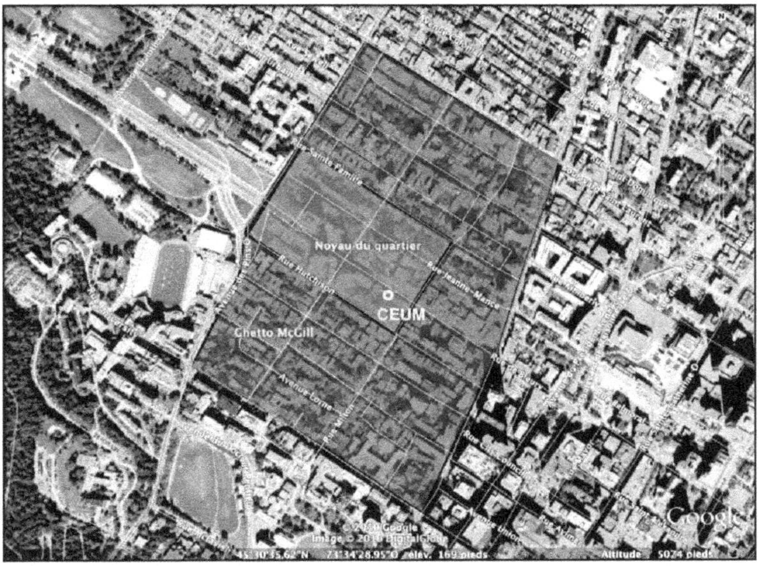

Figure 3-5 : Représentation géolocalisée de l'aire définissant le territoire occupé par le quartier Milton-Parc, dans le district Jeanne-Mance de l'arrondissement Plateau-Mont-Royal à Montréal. Source graphique : Google Earth (2010).

L'origine de ce secteur de la ville remonte aux années 1860 avec l'érection de l'hôpital Hôtel-Dieu. Au fur et à mesure du développement du quartier, à vocation principalement résidentielle, différents types de population s'y sont succédés. Les premiers résidants de ce secteur représentaient une bourgeoisie d'affaires d'origine anglaise[53]. Après la Seconde Guerre mondiale, la plupart de ces derniers s'établissent dans les quartiers adjacents de Westmount et Outremont ou encore vers les villes-banlieues situées au-delà du territoire montréalais. Ils sont progressivement remplacés par une population modeste composée d'étudiants et de familles à faible revenus, linguistiquement mixte (anglophones et francophones). À l'est de la rue University se trouvent les résidences universitaires de l'Université McGill : un secteur appelé le Ghetto McGill (cf. figure 3.2). Au moment de l'« affaire Milton-Parc » (Helman, ibid.), ce sont les résidants (principalement des familles) qui habitent à l'emplacement que nous désignons ici comme le noyau du quartier, qui se trouvent confrontés aux intentions du promoteur. Leur engagement dans le conflit a eu

---

[53] Population qui a donné le style « Victorian Picturesque » à l'architecture des habitations du quartier ; constituant, au demeurant, une raison patrimoniale à la sauvegarde du quartier face à la transformation moderne annoncée par les promoteurs (Helman, ibid.).

l'avantage de les rassembler pour constituer cette communauté, bien qu'elle ne forme pas une seule voix. Aujourd'hui, le quartier Milton-Parc est reconnu comme étant un des quartiers du district Jeanne-Mance, dans l'arrondissement Plateau-Mont-Royal (*cf.* figure 3.2).

3.1.1.2 Historique du projet Cité Concordia dans le quartier Milton-Parc

L'idéologie du progrès constitue, dans les années 1950 et 1960, un ensemble d'idées sur lequel s'appuie le conseil municipal montréalais, sous l'égide du maire Jean Drapeau, à propos des transformations urbaines de Montréal : ces quartiers sont alors nommés « taudis » pour les besoins d'une rénovation urbaine (Gravenor, 1987). La modernisation, qui se traduit par la construction de gratte-ciels dans le centre-ville et un fort développement commercial, nécessite de convertir les terrains proches du centre-ville, considérés comme rentables sur le principe de la loi de l'offre et de la demande, à cette fin. Étant localisé à proximité du centre-ville et constituant un ensemble urbanistique construit de façon homogène et qualifié de désuet, le quartier Milton-Parc attise la curiosité des spéculateurs immobiliers (Milton Parc. Un quartier coopératif, 1983).

C'est dans ce contexte que le promoteur immobilier *Concordia Estates* entend réaliser un projet de rénovation urbaine d'envergure dans le quartier Milton-Parc. Celui-ci, nommé Cité Concordia, consiste en un grand projet de développement résidentiel et commercial à haute densité. Initialement prévu en trois phases, il devait comporter « plusieurs immeubles de bureaux et d'appartements, un centre commercial souterrain et un hôtel » (Radio-Canada Information, 2006). Cette initiative nécessite, au préalable, de détruire sur une grande surface du quartier de nombreuses habitations et de délocaliser, de fait, ses habitants. À partir de 1958, le promoteur se porte acquéreur de la quasi-totalité des logements répartis sur six blocs contigus, appelés le noyau de Milton-Parc (*cf.* figure 3.2). C'était sans compter sur la réaction de la communauté qui, ayant été témoin de « projets de rénovation urbaine » similaires menés à bien dans d'autres quartiers montréalais — notamment *Goose Village* en 1964 —, décide de réagir face à cette situation (Gravenor, 1987). En 1968, certains résidants créent un comité de citoyens (le Comité des citoyens Milton-Parc (CCMP)) qui canalise la mobilisation de la communauté pour faire face au promoteur. Pourtant, la première phase du projet Cité Concordia est mise en œuvre en 1972. Pour quatre buildings construits (ainsi qu'un circuit souterrain), chacun situé à un angle du carrefour des rues Parc et Prince-Arthur, ce sont alors 255 habitations

74

qui sont démolies (Helman, 1987).

En 1976, dans un contexte économique difficile, le promoteur interrompt son projet après avoir terminé la première phase. N'ayant pas le capital nécessaire pour l'achever, le promoteur veut vendre les 135 habitations encore en sa possession qui n'ont pas été touchées par la première phase. Quelques citoyens du quartier, *via* le CCMP, voient dans cette défection du promoteur une ouverture afin de reconquérir les habitations perdues. Le CCMP met de l'avant l'idée de revitaliser cette zone du quartier qui a subi la pression du projet Cité Concordia et de restaurer ces habitations en vue de les constituer en projets de coopératives d'habitation. Cette initiative du CCMP obtient l'appui de la mairie de Montréal, en particulier celle du président du comité exécutif, qui va endosser ce projet. Le défi consiste à financer ce programme de 25 millions de dollars canadiens auquel la Société Canadienne d'Hypothèques et de Logement (SCHL) répond. Au début des années 1980, environ 600 logements sont rénovés dans les 135 habitations qui restent de ce secteur. Avec la réalisation du programme de coopératives d'habitation, qui comprend également la préservation du bâti, c'est une période traumatisante dans sa dimension urbanistique qui se conclut.

3.1.1.3 Le mouvement urbain : les citoyens du « quartier Milton-Parc » en action

La mise en branle du projet Cité Concordia a suscité une vive réaction de la part de l'ensemble des résidants du « quartier Milton-Parc ». Se regroupant au cœur du quartier à protéger, les citoyens forment le CCMP. Le nom de ce comité, qui fait référence au croisement de la rue Milton et de l'avenue du Parc au centre du quartier, souligne que les résidants qui le composent sont identifiés à ce lieu. Une telle initiative symbolique est typique d'un rapport de force qui découle de ce genre de situation. Elle stimule chez les résidants en lutte ce que Castells appelle une identité-résistance : « L'*identité-résistance* est produite par des acteurs qui se trouvent dans des positions ou des conditions dévalorisées et/ou stigmatisées par la logique dominante » (1999 : 18).

Or, il faut préciser que ce mouvement social ne s'inscrit pas par hasard dans le développement urbain des années 1960 et 1970. En effet, cette période voit l'émergence d'une critique de plus en plus sévère et partagée du programme de politique publique de rénovation urbaine auquel l'idée de progrès est accolée. Comme l'écrit Gravenor :

Throughout the 1960s, opposition to slum-clearance grew constantly, as did a more critical focus on the cost of progress. By 1970, a Montreal Star headline would have the temerity to claim the hitherto inconceivable words: « Urban Renewal has Become a Dirty Phrase » (1987 : 2).

Ce renversement critique définit de nouveaux rapports, de façon générale, entre les citoyens et les acteurs décideurs, où appert un discours sur la préservation des habitations et des communautés (*ibid.*). Désormais, les citoyens font front commun, au nom de la communauté, pour défendre non seulement leurs intérêts, mais aussi l'intégrité de leur cadre de vie.

La mise en lumière de cette nouvelle dimension du rôle des citoyens révèle, potentiellement, son pouvoir de mobilisation : il coïncide avec les revendications soutenues sur des enjeux de diverses natures (territoriales, environnementales, culturelles, etc.) par les mouvements sociaux qui questionnent l'organisation sociétale en place (Hamel, 1995). Bien que pouvant se décliner sous de multiples formes, les mouvements urbains correspondent à :

> [t]outes les formes d'action collective 1) qui se sont portées à la défense de l'intégrité des quartiers à l'encontre des promoteurs de développement urbain; 2) qui sont intervenues pour l'amélioration de la qualité des équipements et des services urbains, y inclus leur gestion; 3) qui ont fait la promotion de la démocratie locale; 4) qui se sont organisées en faveur du développement local et de sa démocratisation (*ibid.* : 287-288).

Pour Hamel (ibid.), les mouvements urbains montréalais se distinguent par « leur caractère spontanée, souvent par le biais de coalitions de plusieurs groupes, par leur caractère associatif et démocratique ainsi que par leur idéologie communautaire » (*ibid.*, 288). Ils expriment l'intention de contribuer au dynamisme social et d'influencer dans certains cas la gestion du développement urbain pour, ainsi, transformer la ville. L'action menée par les résidants du « quartier Milton-Parc » s'inscrit dans cette mouvance. Selon Gravenor (1987), la création de ce comité de citoyens constitue une des premières situations nord-américaines où l'action en jeu se place autour d'un conflit urbain[54].

Balbutiant à ses débuts, le mouvement de protestation animé par les résidants de Milton-Parc se renforce :

---

[54] Pour preuve, les promoteurs voient dans la formation de ce comité un bon présage, pensant qu'il ferait office de bonne publicité pour le projet (Gravenor, *ibid.*).

From a group of inexperienced residents with only a most vague notion on how to proceed, they had been rapidly transformed into an effective lobby group, hardened by the elements of battle and made more determinized by what they felt was the justice of their cause (Gravenor, *ibid.* : 16).

Il se mobilise autour du CCMP et de ses quelques figures marquantes — dont ceux qui fonderont plus tard la SODECM. De même, il est reconnu par les autres acteurs, en premier chef *Concordia Estates*, car la portée de son message s'élargit, produisant alors une « fonction symbolique d'identification pour les acteurs » (Hamel, 1995 : 286). Malgré la réalisation de la première phase du projet Concordia, certaines personnes du quartier persévèrent et mobilisent l'ensemble des résidants pour reconquérir les habitations épargnées de la démolition. Le mouvement urbain passe finalement de la résistance à la gestion collective en se dotant d'un autre objectif, celui de s'approprier l'espace urbain en jeu en développant le projet de coopératives d'habitation. Il se rapproche également des acteurs institutionnels pouvant suppléer leur demande (comme le président du comité exécutif de la Ville de Montréal). Avec la revitalisation générale des habitations qu'augure le programme de coopératives d'habitation, l'ensemble des résidants engagés dans le mouvement urbain obtient gain de cause.

3.1.1.4 Le rôle des coopératives d'habitation dans la stabilisation du quartier

Pour le CCMP, l'objectif premier de cette mobilisation était d'opposer une résistance à l'entreprise de déterritorialisation que représentait pour eux le projet du promoteur. Pour Castells, la construction de l'identité-résistance de la part d'un groupe d'individus peut mener à la formation d'une « *communauté* » qui « élabore des configurations de résistance collective contre une oppression » (1999 : 20). Dans notre cas, une telle configuration prend la forme d'une action en vue de s'approprier le logement. Avec l'organisation des habitations sur un registre coopératif, ce mode d'organisation communautaire révèle l'idéal de ses organisateurs quant aux principes de droit au logement et d'autonomie des citoyens. Ainsi, la démarche poursuivie, le temps de la transformation progressive des propriétés en plusieurs coopératives et autres sociétés d'habitation, offre à lire la construction sociale d'une « communauté » sur la base d'une appartenance territoriale forte[55]. L'aboutissement du programme de

---

[55] Castells (1999) souligne également que la « communauté » se forme « généralement sur la base d'identités que l'histoire, la géographie [...] semblent avoir définies clairement, ce qui lui permet d'« essentialiser » facilement les frontières de la résistance » (*ibid.* : 20) ; et dès lors revendiquer un rapport presque intime, voire exclusif, à son territoire.

coopératives, en 1987, finalise cette étape. Toutes les coopératives d'habitation, ainsi que d'autres types d'organisations créées par les citoyens, se regroupent sous le chapeau d'un syndicat de copropriété appelé « Communauté Milton-Parc » (Communauté Milton Parc, 2010) :

> La [Communauté Milton Parc] loge plus de 1 500 personnes à [revenu faible et modéré] dans 616 logements [...]. Elle regroupe 146 immeubles résidentiels et deux immeubles commerciaux. Les copropriétaires membres actuels sont [:] seize coopératives d'habitation [;] six sociétés d'habitation (des OSBL, dont des maisons de chambres) [;] la Société de développement communautaire Milton Parc (SDC), propriétaire de locaux commerciaux [;] un organisme à vocation communautaire [;] deux autres organismes à vocation commerciale (*ibid.*).

Dès lors, l'ensemble des résidants est en mesure de se mobiliser sur différents enjeux qui touche le quartier, mais aussi l'espace l'environnant. Sa capacité d'action, sur divers enjeux menaçant l'intégrité de son cadre de vie et de ses habitants, sous-entend un caractère d'intervention sur le devenir du reste du quartier Milton-Parc — l'alentour du noyau des coopératives étant principalement non constitué en coopérative. À cet instant, la création de la « Communauté », comme entité institutionnalisée ancrée à son territoire, conclut cette période associée à la tourmente urbanistique. Cet épisode se clôture avec la certitude pour ses habitants de maîtriser leur espace de vie. Pour certains d'entre eux toutefois, il ne pourrait être question de s'arrêter à ces acquis.

3.1.2 Les principaux co-fondateurs : un projet politique et un projet communautaire

Comme nous l'avons souligné à quelques reprises, quelques uns des co-fondateurs[56] du SODECM, et en particulier deux d'entre eux, se sont trouvés au cœur de la mobilisation vécue dans le « quartier Milton-Parc ». L'un est, alors, directeur de la maison d'édition *Black Rose Books* et l'autre est travailleuse sociale. Les principaux co-fondateurs se sont démarqués des autres citoyens engagés dans cette action par leur prise de position et leur rôle de *leader* dans la gestion des conflits lors de l'épisode Cité Concordia et, par la suite, dans le devenir de la communauté à travers les coopératives d'habitation et plus largement la vie communautaire dans le quartier. Spécifions, tout de même, qu'il ne serait être question ici de traiter du

---

[56] Par ce terme, nous regroupons les membres du premier conseil d'administration (CA) qui ont fondé la SODECM, des militants à l'origine de la rénovation de la bâtisse qui accueillera le Centre d'écologie urbaine (CEU) et d'autres personnes qui travaillaient au journal Place Publique (PP). Nous expliquerons leur rôle plus en avant.

parcours biographique des principaux co-fondateurs. Mais, rien ne nous empêche de voir ici, à la manière de Dosse (2005), la résultante d'une trajectoire historiographique croisée, de deux parcours entremêlés qui établissent les bases de l'aventure SODECM[57].

3.1.2.1 Un cheminement politique : le projet Montréal Écologique

En parallèle du travail effectué pour le regroupement des habitations en coopératives, cette période marque l'engagement du principal co-fondateur sur la scène politique municipale. Au début des années 1970, il associe sa voie à la critique qui porte sur la politique municipale du maire de Montréal, Jean Drapeau. Dans cet élan, il participe en 1974 à la constitution du parti politique pour le Rassemblement des citoyens et citoyennes de Montréal (RCM) qui vise à proposer un autre programme politique aux citoyens montréalais. Ce parti d'opposition se démarque par sa volonté de répondre aux enjeux définis par la société civile. Il prend finalement le pouvoir en 1986 ; il est à nouveau élu en 1990[58]. Connaissant dès le départ des différends quant aux orientations prises par le RCM, le principal co-fondateur le quitte en 1978.

Entre 1988 et 1989, le principal co-fondateur se lie avec certains des anciens membres du RCM, qui vit alors une crise, pour former un parti municipal « vert » du nom de Montréal Écologique (ME). Ce dernier, qui présente la particularité de ne pas avoir de candidat attitré pour le poste de maire[59], s'engage dans la course à l'élection municipale de 1990, mais sans parvenir à faire élire localement un seul candidat. En prévision de la nouvelle année électorale en 1994, les membres de ME affinent leur message en identifiant de nouvelles inspirations comme par exemple les questions sur les droits humains, sur les enjeux interculturels, etc. En 1993, ME négocie avec le parti municipal la Coalition Démocratique[60] (CD) pour fusionner et créer un nouveau

---

[57] Il nous paraît pertinent de signaler que les principaux co-fondateurs sont conjoints depuis plusieurs décennies, ayant vécu et vivant toujours ensemble, se motivant l'un et l'autre, à travers la mobilisation de la communauté de ce quartier et de la vie montréalaise dans son ensemble. La décision de fonder la SODECM est portée par l'un de ses principaux co-fondateurs, à la suite des différentes activités auxquelles il a pris part en amont. Sa conjointe, également co-fondateur, devient alors active dans l'organisation quotidienne de celui-ci.

[58] Pour une lecture historique, partielle et partiale, de la politique municipale montréalaise à la fin du XXe siècle, se reporter à Sévigny (2001).

[59] Cette mesure s'inscrit ainsi dans la continuité de l'idéologie anarchiste — que nous présentons plus bas — où l'idée de hiérarchie est réfutée.

[60] En 1989, d'autres membres du RCM démissionnent et, refusant de mettre l'emphase sur la question écologique, fondent un autre parti municipal : la Coalition Démocratique.

parti en prévision des prochaines élections : la Coalition Démocratique Montréal Écologique (CDME). Aucun candidat originaire de ME ne sera élu. Suite à cet échec, les membres de ME font un bilan critique de leur action et sabordent le parti.

Certains membres de ME choisissent, alors, de s'engager activement dans le champ de l'éducation populaire avec l'idée de diffuser des idées et des réflexions sur des enjeux sociaux et politiques, montréalais et autres. Pour ce faire, ils décident de se doter d'un nouvel outil institutionnel : l'organisation sans but lucratif SODECM.

3.1.2.2 La mise en place de la SODECM

Lors de la période d'activité de ME, plusieurs de ses membres habitaient le « quartier Milton-Parc ». Avec la fin de ME, certains d'entre eux mise sur le potentiel d'investissement politique qu'offrent les caractéristiques sociales de ce territoire. Leur engagement sur le front de l'éducation populaire leur permet d'envisager sous un même aspect les éléments philosophiques à l'origine des coopératives d'habitation et du projet politique classique. De leur convergence naît ce nouveau projet : la SODECM est fondé en 1993.

Les co-fondateurs orientent leur action dans la perspective de contribuer à la vie du quartier dans une perspective écologique. Leur engagement, dont l'assise théorique puise dans la racine idéologique de l'écologie sociale[61], les conduit à traiter des thématiques urbaines et écologiques encore peu connues. Ils ont ainsi pour objectif de produire une culture politique plus démocratique en réinterrogeant des phénomènes de base : Qu'est-ce que la ville ? Comment comprendre la question urbaine à partir d'un point de vue écologique ou démocratique ? Et, finalement, comment intervenir concrètement à partir de cette perspective ? Ce sont quelques questions qui ont poussé le principal co-fondateur à agir sur un autre créneau, plus localisé, toujours politisé, mais cette fois non partisan. Pour lui, il est important de redéfinir les rapports relationnels de pouvoir entre les citoyens et les élus. C'est-à-dire que les moyens d'expression sociaux et politiques régulés à travers le cadre

---

[61] Les co-fondateurs poursuivent leur action d'après une lecture de l'écologie sociale ébauchée principalement par le philosophe Bookchin. Pour ce dernier (Bookchin, 2003), l'écologie sociale traite de la liberté des individus de la sphère sociale en fonction de la transformation de l'organisation institutionnelle de la société. Dans cette philosophie, l'importance est accordée à la manière dont l'interrelation Humanité/Nature est engagée : il est nécessaire d'en dégager les phénomènes sociaux qui posent problèmes et de les interpréter à nouveau sous cet angle. Pour ce faire, il importe « de ramener la société dans le cadre d'analyse de l'écologie » (*ibid.* : 34) et ce, en interagissant à un niveau politique.

institutionnel où le pouvoir est concentré doivent être transformés[62]. Ainsi, afin de le concrétiser, la question du rapport Humanité/Nature se doit d'être radicalement posée.

L'objectif est de transmettre, quelque soit le moyen, ces réflexions aux citoyens. À la suite de sa fondation, la SODECM développe deux projets. Avec l'aide d'une subvention de la fondation *Samuel and Saidye Bronfman Family Foundation*, le principal co-fondateur crée le journal communautaire *Place Publique* (PP) en 1994. Ce journal constitue l'instrument et représente le fer de lance de la pensée partagée par l'ensemble des co-fondateurs, ce qui leur permet de poser un regard critique sur les politiques publiques et sur d'autres enjeux urbains et municipaux du quartier ou de la ville dans son ensemble. Il est diffusé sur une base bimensuelle pendant 13 années (jusqu'en 2006) dans le quartier Milton-Parc et ceux qui le jouxtent. Puis, grâce à une deuxième aide pécuniaire de la même fondation[63], le principal co-fondateur crée, cette fois-ci, le Centre d'écologie urbaine (CEU), un lieu propice à l'éducation, la recherche et l'action communautaire écologique. Celui-ci, établi au cœur du quartier Milton-Parc à partir de 1996 et opérationnel en 1997[64], a pour vocation première de sensibiliser et former les citoyens du quartier, et d'ailleurs, sur les thèmes liés à l'écologie sociale en milieu urbain. Ce lieu fait office de point de convergence des différents intérêts d'ordre politique et écologique portés par les co-fondateurs : une vision écologique (de laquelle découlent des valeurs de paix, d'éducation, etc.) est apposée aux lectures de divers enjeux qui touchent des thématiques générales comme, par exemple, le risque nucléaire ou plus particulièrement les inégalités sociales au sein de tel ou tel quartier montréalais. Ces lectures se traduisent par un ensemble de pratiques que nous détaillerons plus bas. De par sa mission et sa visibilité, parmi les autres acteurs de la vie du quartier, le CEU devient, en tant que lieu, le point d'ancrage de l'action menée par les co-fondateurs. Le principal co-fondateur le résume en ces mots :

> En 1994-95, j'ai pensé fonder le CEU, comme lieu où il y a beaucoup de diffusion d'informations, beaucoup d'éducation populaire, beaucoup de recherches sur la ville et ses problèmes écologiques et démocratiques, [sur la

---

[62] C'est dans une perspective horizontale des relations sociales, c'est-à-dire non hiérarchique, que le principal co-fondateur s'intéresse aux pratiques associées à la démocratie participative.
[63] Ces subventions sont redistribuées par le biais de la Société de développement communautaire Milton-Parc (SDC), copropriétaire de la « Communauté Milton-Parc » en charge de l'administration des divers locaux à vocation économique (le Centre d'écologie urbaine (CEU) est locataire de la SDC).
[64] Une année sera nécessaire, suivant l'acquisition de l'immeuble, pour le rénover. Ce travail a mobilisé des dizaines de bénévoles et a été réalisé dans le respect d'une conception architecturale écologique.

base d']une forme d'écologie qui est appelé écologie sociale. (F2)

Après avoir assurée la réfection finale de l'immeuble du CEU, la principale co-fondatrice s'implique dans ce projet. Auparavant, elle œuvre à la bonne marche du mouvement communautaire local à travers plusieurs initiatives qu'elle mène. Elle-même s'implique activement dans la vie politique partisane en tant que colistière pour une élection politique municipale à l'échelle du quartier et de ses environs[65]. Néanmoins, elle travaille principalement dans le quartier Milton-Parc : avant tout comme organisatrice communautaire, puis en menant des luttes plus larges. Par exemple, elle est à l'origine du projet de conversion de l'ancienne école Strathearn en centre communautaire à vocation culturelle, le Centre interculturel Strathearn — devenu depuis le *Montréal, Arts Interculturels* (MAI). Elle en assura même la coordination (Warwick, 1994). Bien qu'elle ne soit pas directement associée à la création du CEU, c'est elle qui assure sa prise en main en tant que coordinatrice.

Cette présentation de la trajectoire des principaux co-fondateurs, brièvement rapportée, rend compte des personnalités fortes qu'ils incarnent aux yeux des résidants du quartier et de la ville. Animés par des valeurs puisées dans la philosophie de l'écologie sociale, ils sont mus par un activisme qui repose sur des convictions pacifiques, écologiques et démocratiques. Ce mélange constitue, pour eux, la base d'une réflexion et d'une pratique visant l'émancipation des citoyens dans la ville, où cette dernière semble un terrain propice à l'expression d'une citoyenneté active. Le CEU en constitue un point de départ.

3.2 Le CEUM : parcours d'un acteur de la société civile montréalaise

Retracer certains éléments de l'histoire du quartier Milton-Parc permet d'identifier l'implication préalable des principaux co-fondateurs dans le devenir de leur cadre de vie. Cette stratégie employée de notre part, par rapport à notre travail d'« artisan », illustre une partie des causes qui ont conduit à la fondation du CEUM. C'est ainsi que cette organisation paraît directement engendrée du processus de construction de la communauté du quartier Milton-Parc. Comment, dès lors, cet acteur a-t-il évolué ? Quelles sont ses activités ?

---

[65] Il s'agit plus exactement d'une élection municipale en vue d'être représentant politique du district Jeanne-Mance, dans l'arrondissement PRM.

3.2.1 De la SODECM au CEUM : un ancrage historique

La période couverte par cette étude peut être divisée en trois étapes : la première évoque la genèse ; la deuxième, la consolidation ; et la troisième, la relève[66].

3.2.1.1 La genèse : 1997-2000

Bien que la fondation de la SODECM remonte à 1993, ce n'est qu'à l'automne 1997 que l'organisation devient territorialement opérationnelle. La période de la genèse voit le développement de trois volets résumant le travail embrassé par la SODECM. Il s'agit d'un volet de promotion et de communication avec le journal PP, d'un volet de sensibilisation et d'éducation populaire avec le CEU, et d'un volet de références et de commercialisation avec le Groupe-ressources en éco-design (GRED). Si les deux premiers volets sont portés par les principaux co-fondateurs (le journal PP pour le principal co-fondateur et le CEU pour la principale co-fondatrice), le troisième est l'initiative d'un des autres co-fondateurs à la suite d'un programme triennal de recherche.

Le travail produit par la SODECM, à travers ses trois volets, prend des directions différentes. Devenu bi-mensuel avec la création du CEU, le journal PP poursuit sa mission d'informer sur les enjeux politiques de la ville, sur les activités communautaires, sur des sujets en rapport à l'environnement ou à la démocratie participative, ou tout simplement sur le quartier Milton-Parc et ses résidants. Il sert également de support pour promouvoir les activités de la SODECM.

Sur un autre registre, la SODECM diffuse les publications produites par le GRED qui font suite aux recherches menées sur l'architecture écologique. Ces activités donnent lieu notamment à des ateliers et conférences présentés au CEU.

Le CEU, comme centre de ressources et de références, canalise certaines activités produites dans le cadre des deux autres volets. En tant qu'espace catalyseur des préoccupations des co-fondateurs, le CEU a été créé dans le but d'encourager des pratiques d'éducation populaire. On y favorise les échanges interpersonnels avec le voisinage et de multiples activités sociales sont produites. En fait, la formation

---

[66] Entre 1993 et 1997, la SODECM est un moyen supplémentaire pour les membres, puis anciens membres, de ME d'appuyer leur projet politique auprès des habitants des coopératives d'habitation du « quartier Milton Parc ». Nous indiquons cependant que la période dite de la genèse commence en 1997, à la suite de la construction du CEU. En effet, c'est à partir du CEU que la SODECM produit les activités que nous allons présenter ci-dessous. C'est aussi à partir de cette année que les activités sont systématiquement référencées.

professionnelle de la principale co-fondatrice, en qualité d'organisatrice communautaire, donne le tempo à l'orientation communautaire du CEU les premières années, dont la vocation première réside en un espace ouvert aux citoyens du quartier qui sont invités à se l'approprier. En contrepoint, la dimension éducative s'illustre à travers l'organisation d'ateliers et de conférences, généralement bilingues, qui ont pour thème le mouvement contre la guerre, le forum social mondial, ou encore le compostage, les changements climatiques, etc. Les ateliers et conférences tenus au CEU reflètent une préoccupation des animateurs de vouloir contribuer à l'avancement d'une pensée politique et écologique sur la ville, et souligne aussi un souci pour l'action. Mais, de manière générale, ces diverses préoccupations sont abordées ponctuellement et ne bénéficient pas d'un traitement systématique pendant les premières années d'activités de la SODECM.

Même si son action est menée sur plusieurs fronts, illustrant la diversité des thèmes abordés, l'approche prônée par les principaux co-fondateurs caractérise la gestion de la SODECM. Ses activités ne sont pas trop définies, et surtout pas définitives. De nouvelles réflexions peuvent se greffer en cours de route aux préoccupations initiales selon la lecture et l'analyse d'un phénomène donné ou selon les opportunités qui se présentent (à l'instar du GRED, une activité pas forcément prévue à l'origine). Bien que la SODECM mette de l'avant une mission, celle-ci ne caractérise pas forcément les activités que chaque volet se donne[67]. Autrement dit, cette façon de faire sous-tend l'idée, de la part d'un travailleur, que la SODECM fait office de « coquille » :

> On a une coquille puis on y met ce qu'on a besoin. D'ailleurs, ça a peut-être été une constante par la suite, c'est que... je crois que dans le sens là, [les principaux co-fondateurs] ont laissé la coquille ouverte à d'autres potentiels. Il y a eu dans l'histoire des gens qui sont arrivés au Centre avec des idées, puis on a créé de l'espace à l'intérieur du Centre pour que finalement ils poussent ces idées là (T3).

Cet espace d'expérimentation tient lieu de laboratoire d'idées et d'initiatives en faveur d'une ville écologique, et à partir duquel le cadre urbain montréalais constitue

---

[67] La mission traduit, durant cette période, une idée générale qui sert de point de départ aux activités entreprises dans chaque volet : « Son mandat consiste à promouvoir l'écologie sociale et à favoriser la défense collective des droits. À cette fin, elle fait la promotion de programmes innovateurs favorisant autant le développement durable par l'élaboration de solutions de rechange aux habitudes de vie urbaine actuels que la création de lieux de concertation communautaire » (SODECM, 2000). Précisons finalement que la SODECM réalise ses activités dans un « cadre administratif » à partir duquel les volets sont gérés.

le « contexte » empirique.

3.2.1.2 La consolidation : 2001-2005

La deuxième phase en est une de consolidation qui s'inscrit en continuité de la période de la genèse. La SODECM oriente une partie de ses activités en lien avec les enjeux liés à la démocratie locale et aux politiques urbaines en cours à Montréal, aux différents paliers politiques sur lesquels elle peut interagir. De plus, elle met progressivement en œuvre ses activités à l'échelle du quartier Milton-Parc autour des questions liées à l'aménagement du cadre de vie dans une perspective écologique.

Le contexte de la réforme municipale de Montréal marque le début des années 2000 (Latendresse, 2004 ; Collin et Robertson, 2005 ; Gauthier, 2008 ; Delorme, 2009). Pour le principal co-fondateur, les enjeux concernant cette réforme constituent une opportunité pour renforcer la démocratie à Montréal. Prenant position sur le sujet, la SODECM saisit l'occasion de réunir des partenaires, d'autres acteurs de la société civile, des universitaires, des citoyens, etc., et organise le premier Sommet des citoyens et des citoyennes sur l'avenir de Montréal (SC) en 2001. D'autres sommets auront lieu par la suite. Le premier SC se distingue cependant des suivants car il inaugure un espace public alternatif où le principal sujet traité est l'avenir de Montréal.

Le but de ces sommets — présenté et analysé plus en détails par Latendresse (2008) —, est de regrouper les acteurs du mouvement urbain montréalais pour créer un espace de rencontre où sont débattus les sujets liés à la démocratie urbaine montréalaise et à l'aménagement des espaces urbains. Les échanges entamés lors de ces sommets abordent principalement les thématiques de la ville démocratique et écologique avec l'ambition d'orienter cette tendance aux politiciens de Montréal. Les initiatives qui en découlent insistent surtout sur la question de l'appropriation de la ville par le citoyen et revendiquent une approche participative en matières de politiques publiques et de planification et gestion urbaines. Notons également la volonté d'agir concrètement sur certains enjeux politiques au niveau municipal. À titre d'exemple, une des revendications issue de ce sommet insiste pour que la Ville de Montréal encourage le gouvernement canadien à signer le protocole de Kyoto. Au final, les SC contribuent à alimenter le mouvement urbain montréalais tout en faisant écho au forum social mondial, et plus largement au mouvement altermondialiste. Cela a permis de renforcer les liens avec notamment des organisations brésiliennes de

Porto Alegre ; des militants des mouvements urbains brésiliens sont venus à chacun des SC. Finalement, le premier SC connaît une certaine notoriété, et finalement une résonance particulière alors que la Ville de Montréal organise le Sommet de Montréal en juin 2002[68].

Cette situation pousse les organisateurs du premier SC à planifier un deuxième SC en mars 2002 afin d'influer sur celui tenu par la Ville de Montréal. De ce SC, il en ressort l'objectif que la Ville de Montréal élabore une *Charte montréalaise des droits et des responsabilités* ; ce qu'elle assumera[69]. En 2004, un troisième SC est organisé sur le thème de la démocratie participative. L'objectif est de promouvoir un processus de budget participatif (BP) et d'amener des élus à l'expérimenter dans le contexte montréalais. En accord avec cette démarche, l'administration de l'arrondissement Plateau-Mont-Royal (PMR) organise entre 2006 et 2008 un budget participatif sur son territoire[70] (Rabouin, 2009 ; Latendresse et *al.*, 2011). Par conséquent, au regard des résultats produits par les SC, l'adoption d'une Charte montréalaise des droits et des responsabilités et l'expérimentation du BP font office de réalisations concrètes pour le CEUM. De telle manière que l'organisation noue une relation particulière avec les administrations et les élus des différents paliers qui se traduit, durant cette période, par des rapports de pouvoir fructueux.

D'autres résultats découlent de ces SC. À la suite du deuxième SC, des membres de la SODECM avec d'autres militants associés aux SC créent le Groupe de travail sur la démocratie municipale et la citoyenneté (GTDMC) ; un comité de la SODECM composé de membres de l'organisation, d'acteurs de la société civile et d'universitaires. Son mandat est de fournir un espace de réflexion focalisé sur la démocratie municipale à Montréal. Ce comité tente de diffuser des observations et des propositions aux paliers municipal et métropolitain, ou qui sont par la suite reprises lors d'évènements importants comme les SC. En outre, le troisième SC propose pour la première fois la tenue d'un agenda citoyen qui permet aux citoyens

---

[68] À ce propos, Gauthier (2008) souligne également le rôle joué par le premier SC dans le renouvellement du dialogue entre la société civile et la nouvelle administration municipale dirigée par le maire Tremblay.

[69] Pour Gauthier (2008), cette Charte représente une avancée en ce qui concerne la « promotion des droits démocratiques des citoyens et d'une citoyenneté active [mais aussi celle] de la participation publique et du développement durable » (*ibid.* : 177).

[70] Sans entrer dans les détails, le dispositif expérimenté dans l'arrondissement du PMR permet aux citoyens de délibérer sur l'allocation du budget d'investissement (Rabouin, 2009). Inspirée par l'expérience menée à Porto Alegre au Brésil, l'expérience s'inscrit dans le contexte institutionnel montréalais qui repose notamment sur une décentralisation de pouvoirs, de compétences et de budgets de la ville-centre vers les arrondissements.

montréalais de soumettre des propositions pour apporter des changements à leur ville.

Parallèlement aux activités portant sur la démocratie montréalaise, la SODECM se penche également sur la question de l'aménagement urbain montréalais. En 2002, l'organisation met sur pied une table de concertation nommé Groupe de recherche sur l'aménagement urbain durable (GRAUD)[71]. Ce groupe réunit des acteurs communautaires, des citoyens et des universitaires dans le but d'élaborer des propositions sur les questions d'aménagement dans la perspective d'un développement urbain qui serait durable. Par la suite, la SODECM amorce la mise en œuvre de ces propositions. Pour ce faire, elle crée le Laboratoire de développement durable Milton-Parc (surnommé Laboratoire Vert (LV)) en 2004. Composé d'un comité d'experts en développement urbain et de membres de l'organisation, ce comité a pour mandat de proposer dans le quartier Milton-Parc des mesures d'aménagement en lien avec les principes du développement durable et en fonction d'un impératif, la mobilisation des citoyens. Il réalise une étude sectorielle sur quatre volets (conservation de l'eau, consommation d'énergie, gestion des matières résiduelles, transport durable) qu'il développe en deux phases : la première correspond à l'étude de l'objet et à la consultation des citoyens, la deuxième à sa mise en pratique. Les résultats issus de la première phase sont diffusés dans le Plan de développement durable pour le quartier Milton-Parc publié en 2007. Ce qui est toutefois perçu comme le point fort de ce projet consiste en la participation des citoyens du quartier aux différentes étapes de sa mise en œuvre[72]. Sur un autre registre, découlant des travaux préliminaires effectués par le GRED, le projet portant sur les toits verts est expérimenté. Les retombées envisagées visent à influencer l'arrondissement Plateau-Mont-Royal et la Ville de Montréal pour qu'ils adoptent une politique à cet égard. Par la suite, cette pratique fait l'objet de conférences et d'ateliers au sein du CEU où elle est documentée. Ainsi, l'approche écologique promue par la SODECM se dessine à travers ses activités avec une particularité qui est la mobilisation et la participation des citoyens dans la réalisation des projets.

---

[71] Nous rappelons que le GRAUD est distinct du GRED. Cette nouvelle table de concertation voit le jour grâce au programme de financement associant l'État fédéral et la Ville de Montréal, le programme Fond Vert.
[72] Les moyens entrepris pour mobiliser la population résident en la création de comités de citoyens, la réalisation de sondages, l'organisation de cafés citoyens. Après une première étape de cueillette de données, est lancé un concours d'idées (Imagine Milton-Parc), suivi d'une assemblée où les citoyens étaient conviés à identifier les mesures prioritaires, pour finir avec une exposition publique qui présente les résultats. Le mouvement *Community Planning* alimente en méthodes ces exercices de mobilisation des citoyens.

Soumise aux aléas d'un financement public non-récurrent, la SODECM traverse une crise économique importante au cours de l'année 2004 qui l'oblige à revoir ses assises institutionnelles et financières. Durant au moins une année complète, l'organisation, qui a de quoi rémunérer un seul employé, compte sur la mobilisation et l'engagement de militants. Elle profite de cette période pour recruter de nouveaux membres et entame un processus réorganisationnel devant lui permettre de consolider ses assises. Faisant suite à la solidification de l'organisation, le fondateur démissionne en 2005 de son poste de président mais garde, néanmoins, un rôle actif dans les différents comités de réflexion au sein de l'organisation (LV et GTDMC). Il est remplacé à ce poste par une administratrice, également présente parmi l'entourage des co-fondateurs au moment de la création de la SODECM. En 2006, c'est au tour d'un autre administrateur, responsable du projet des toits verts, de prendre le poste de président. Ces passations du poste de président marquent la première étape vers le passage à une nouvelle génération. La deuxième survient la même année lorsque la coordinatrice-co-fondatrice du CEU quitte à son tour son poste et est remplacée par l'actuel directeur général. En plus de ce renouvellement humain, le fonctionnement de la SODECM, avec ses trois volets, est chambardé à la suite de l'arrêt du journal PP en 2006 et la présence estompée du GRED. C'est dans ce contexte que l'organisation va changer de nom pour mieux se faire connaître sous une seule bannière : le Centre d'écologie urbaine de Montréal. En somme, il s'agît d'un renouvellement important de *leadership* qui passe aux mains d'une autre génération de militants dont la compréhension de l'écologie diffère.

3.2.1.3 La relève : 2006 à aujourd'hui

Malgré les transformations survenues à l'interne, la mission du CEUM demeure la même durant cette transition. Par contre, la nouvelle génération la travaille à nouveau en fonction des intérêts qu'elle souhaite mettre de l'avant. Ainsi redéfinie, la mission traduit les nouvelles manières de faire et de penser qui sont propres à cette nouvelle génération[73]. En effet, le changement de style est inhérent à la nouvelle génération qui arrive à la tête de l'organisation — aussi bien chez les administrateurs que les travailleurs. Leurs expériences et leurs origines professionnelles diverses contribuent à ce changement : pour ne citer qu'eux, le nouveau directeur général est un jeune professionnel qui provient du milieu

---

[73] Nous définissons l'expression la « relève » comme un renouvellement d'équipe qui est marqué par la présence plus importante de militants d'une génération plus jeune. Elle se démarque par un parcours professionnel et voit la « gestion » des organisations de façon différente de celle des co-fondateurs.

institutionnel[74], tandis que le président du CA, en poste depuis 2006, est architecte au sein une firme montréalaise. De plus, considéré sous l'angle de la proximité, cette génération, à l'inverse des principaux co-fondateurs, habite bien souvent en dehors du quartier Milton-Parc.

Ainsi, ce changement se manifeste au quotidien par une approche différente de la production d'activités. Par exemple, pendant les deux premiers tiers de son existence, de nombreux ateliers d'éducation populaire sont organisés au CEU en même temps qu'un service communautaire traditionnel est offert à la population du quartier et des environs. Maintenant, les activités ont plus souvent lieu à l'extérieur de la bâtisse du CEUM et le volet service communautaire n'est plus aussi important. Ce qui a des répercussions notamment dans la façon de diffuser l'information : les outils d'information véhiculés par Internet sont privilégiés au dépend de pratiques de proximité comme le porte-à-porte ou la distribution locale de pamphlets. Bien entendu, la rupture n'est pas totale et, au contraire, une continuité est de mise. Certaines activités ont toutefois encore lieu dans la cour arrière, celle-ci faisant dorénavant l'objet d'une expérimentation de cour écologique[75]. Même, le CEUM prend plus souvent position sur les grands enjeux urbains liés au développement de la métropole montréalaise. Ses avis sur le projet de revitalisation du quartier *Griffintown* ou le renforcement de la participation citoyenne dans les institutions de la Ville de Montréal en sont quelques exemples (*cf.* Annexe 2). Il assure toujours un rôle important dans les évènements (les SC) avec lesquels il est historiquement lié.

Signalons encore que le CEUM aspire à prendre localement part à un mouvement social ou urbain mondial. L'organisation n'hésite pas à s'inscrire dans la lignée du Forum Social Mondial. Plus récemment, la nouvelle génération soutient les sommets mondiaux Écocité (mouvement de l'organisation « *Ecocity Builders* » pour la construction de villes écologiques et durable) — par ailleurs, le CEUM organise l'accueil de cette manifestation à Montréal en 2011.

Ainsi, comme nous l'avons signalé, la continuité est de mise pour certaines activités phares. Le grand chantier des SC se poursuit avec la tenue, en 2007, du quatrième SC qui convie les citoyens et citoyennes de Montréal à s'approprier les clés de la ville. Il s'agissait d'orienter le débat citoyen sur les conditions de la

---

[74] Il était organisateur communautaire d'un Centre local de services communautaires (CLSC).
[75] Bien évidemment, des ateliers et des conférences sont encore donnés dans l'enceinte du CEUM mais à une fréquence moindre que cela se faisait auparavant.

participation citoyenne. Or, à partir de cette édition, le SC n'est plus uniquement orchestré par le CEUM mais par une coalition d'acteurs représentant le mouvement urbain montréalais. Cette manifestation permet en effet des alliances avec des organisations du mouvement syndical, du mouvement des femmes, etc. (Latendresse, 2008).

En parallèle, l'organisation, à travers le GTDMC et en lien avec d'autres organisations du réseau de la société civile, poursuit son travail sur le développement du BP et sur l'idée de créer une école de la citoyenneté urbaine[76]. En 2009, le cinquième SC porte sur le thème de « La ville que nous voulons ». L'évènement rassemble, pour la première fois, plus de 1 000 personnes pour échanger sur six thématiques (économie ; aménagement urbain ; justice sociale, inclusion et citoyenneté ; environnement ; démocratie ; culture) qui caractérisent certains enjeux urbains montréalais. Une nouvelle version de l'agenda citoyen, à destination des candidats aux élections municipales de Montréal de 2009, traduit ces préoccupations. Mais, mis à part les SC, les activités traitant la dimension démocratique des enjeux politiques montréalais ne représentent plus tant l'action prioritaire du CEUM, ce que démontre l'abandon du GTDMC. En effet, alors que dans le discours, le CEUM parle toujours de démocratie, force est de constater la fin récente des activités du GTDMC.

Dans la même période, les activités liées aux questions écologiques suscitent un traitement accru. En 2006, le LV diffuse le Plan de développement durable Imagine Milton-Parc. À la suite des orientations mises de l'avant dans ce plan, le CEUM monte deux projets-pilote d'aménagement écologique au sein du quartier Milton-Parc qu'il continue de développer. Un porte sur la conception d'un îlot de fraicheur[77], et l'autre, comme nous l'avons vu, sur la cour arrière. À partir du travail produit par le LV, le CEUM documente et diffuse les résultats de ces recherches. Ainsi se tient en 2008 le premier colloque montréalais sur le développement durable des quartiers « Changer le monde, un quartier à la fois! ». Il vise, dans ses grandes lignes, à questionner l'importance d'une approche durabiliste et participative en matière de développement local des espaces urbains, en mettant l'emphase sur le quartier comme échelle d'intervention privilégiée pour l'action communautaire. Dans

---

[76] L'idée est de créer un lieu d'éducation populaire sur la démocratie participative et sur son application dans les institutions politiques et dans l'aménagement du territoire. Ce projet est mis de l'avant depuis le début de la SODECM, mais il n'a jamais pu bénéficier de financement.
[77] Réalisation qui, par l'action de verdir l'espace public, vise à anticiper le phénomène d'îlot de chaleur et ses conséquences sanitaires. Notons que cette pratique est réalisée avec la participation des habitants du quartier.

la continuité du colloque et des résultats mis de l'avant par le LV, le CEUM co-dirige, en 2009, en partenariat avec d'autres acteurs en provenance du domaine de la santé publique le programme Quartier vert, actif et en santé (QVAS), financé par la Fondation Chagnon[78]. Certains éléments méthodologiques de ce projet empruntent aux travaux du LV sur le développement durable du quartier Milton-Parc, et à ceux plus théoriques du colloque. Le programme QVAS consiste en le développement d'une formule de « quartier vert »[79] mise en œuvre dans quatre quartiers montréalais. Les besoins des populations locales, en ce qui concerne l'aménagement urbain, sont mis en lumière par rapport à des problématiques de santé publique en lien avec la mobilité des individus dans la ville. Dans ce cadre, le rôle du CEUM est de mettre de l'avant le processus de participation des citoyens, en partenariat avec les communautés locales, afin qu'ils ciblent les portions du territoire à examiner en priorité et qu'ils incitent les pouvoirs publics locaux à prendre des mesures à cet égard. Toujours en 2009, la deuxième étape de « Imagine Milton-Parc » est entamée alors que cette initiative est maintenant reconnue dans le cadre du programme « Quartier 21 » de la Ville de Montréal[80].

Le CEUM produit ses activités maintenant dans un contexte non plus restreint au seul territoire du « quartier Milton-Parc » — le passage se fait de Milton-Parc à la ville tout en prônant que le changement se fait « un quartier à la fois ». De même, poursuivant l'idée de documenter son action, il s'associe avec l'Écomusée du Fier Monde pour tenir l'exposition « Habiter une ville durable » (entre 2009 et 2010). Cette dernière est planifiée en trois temps et a pour objectif, à travers la présentation

---

[78] Soulignons que la Fondation Chagnon œuvre dans les domaines du développement, de la santé et de l'éducation des jeunes au Québec. Le programme QVAS est le résultat d'un partenariat entre la Fondation et le gouvernement à travers la création d'une organisation qui fait « la promotion des saines habitudes de vie » (fondationchagnon.org) ; d'où la vocation de ce programme qui diffère un tant soi peu des activités précédentes menées par le CEUM dans une perspective démocratique et écologique.
[79] C'est-à-dire, dans ce cadre-ci, que le développement de quartiers verts est sensé apporter une réponse à l'aménagement des espaces urbains, centraux ou périphériques, qui connaissent des problèmes divers (des points de vue environnemental et sanitaire) et en lien avec le facteur automobile. Des pistes de solutions, s'inscrivant dans la perspective d'un développement urbain durable, cherchent à favoriser les modes de transport en commun et actifs (marche, vélo, etc.) en aménageant adéquatement certains segments de ces espaces.
[80] La Ville de Montréal s'est dotée en 2005 d'un instrument de planification sectorielle quinquennal (le Plan stratégique de développement durable de la collectivité montréalaise (PSDD) avec lequel elle initie une foule de programmes, dont le programme *Quartier 21*. Ce programme a pour objectif, d'une part, d'expérimenter dans certains lieux des pratiques d'aménagement sur la base du développement durable et de se pourvoir de critères mesurables et, d'autre part, de soutenir la mobilisation de la communauté locale en respect avec une démarche participative et la concertation des acteurs dans une structure de gouvernance (*ibid.*). Ce programme est actuellement en cours d'application et prévoit vingt *Quartier 21* répartis à travers la Ville de Montréal pour 2015.

de différentes pratiques concernant l'aménagement urbain durable, de sensibiliser la population aux enjeux du développement durable de la ville et des quartiers. À cela s'ajoute, pour conclure cette recension des activités produites par le CEUM, et qui caractérise de façon sécante sa transformation, un volet expertise où, dans la continuité des travaux effectués par le GRED ou le GRAUD, est développé une activité de type entrepreneurial de services et conseils que l'organisation offre à des partenaires en lien avec ses thématiques de travail.

Ces dernières années, finalement, le projet QVAS, qui a bénéficié d'un financement sans précédent pour l'organisation, a pour effet de restreindre les interventions du CEUM à cette activité. Ce qui a comme conséquence que ses intérêts se trouvent canalisés quasi exclusivement par un projet de plus grande ampleur façonné notamment par les normes et critères imposés par le bailleur de fonds. Parce qu'il monopolise également l'ensemble du personnel du CEUM (dont le nombre d'employés, au demeurant, a cru), les projets extérieurs à ce cadre, n'ayant pas le même degré de financement, se font moins nombreux.

Récapitulons, pour finir, cet historique. Durant la période de sa genèse, le travail effectué par la SODECM dans son territoire d'origine a peu de répercussions au-delà du « quartier Milton-Parc » et des quartiers avoisinants où elle agit, bien que ses fondateurs aspirent à une reconnaissance plus large. Durant la période de consolidation, la SODECM déploie ses ressources et mobilise des citoyens sur divers enjeux et à l'occasion de grands évènements. La concrétisation de certaines revendications auprès des institutions publiques conforte son rôle en tant qu'organisation écologique militante visant à renforcer le rôle des citoyens dans la ville : le Chantier sur la démocratie ou le BP en sont quelques exemples. Mais il y a aussi d'autres prises de position en parallèle qui démontrent un intérêt pour les grands enjeux urbains montréalais. Dans un autre registre, des membres de l'organisation participent au Forum Social Mondial et illustrent ainsi, dans une certaine mesure, leur affiliation au mouvement urbain social mondial. Cette période souligne également la relation particulière entre l'organisation et l'administration montréalaise à partir de laquelle certaines activités ont contribué modestement au renouvellement des idées sur le développement urbain de Montréal. Avec l'arrivée d'une nouvelle génération, la période de la relève se caractérise par une conversion des façons de faire l'action du CEUM. Elles induisent une professionnalisation de l'organisation dont les intérêts pour un renouvellement du développement urbain, qui sont de prime abord toujours en continuité avec l'idéologie[81] première des co-fondateurs, sont mis de l'avant dans des pratiques maintenant (re)produites sur l'ensemble du territoire montréalais.

3.2.2 La sphère relationnelle du CEUM

Au cours de cette présentation du CEUM sous un angle historique, différents acteurs ont été cités[82]. Le système d'action mis de l'avant par le CEUM, soit la production d'un discours alimenté par ses représentations du développement urbain que les pratiques vont en partie caractériser, n'est réalisable que dans la mesure où il s'accomplit dans un contexte social où d'autres acteurs s'immiscent dans ses marges de manœuvre et où l'organisation s'entoure de nombreux partenaires pour l'épauler dans ses activités. Le soutien que ces derniers apportent à l'élaboration de l'une ou l'autre de ses activités sous-tend leur intérêt pour son action. Ils deviennent complices de la vision revendiquée par le CEUM. Ainsi, sans décrire les rapports relationnels entre le CEUM et ses partenaires, à travers notamment la construction d'une image du premier qu'il transmet auprès des seconds[83] (George et al., 2009) et l'influence des seconds sur les représentations du développement urbain du premier — ce qui dépasserait les ambitions fixées par cette recherche —, nous tenons à présenter brièvement leur rôle dans la construction de son schéma d'action.

La présence inévitable, récurrente ou ponctuelle, des différents partenaires et bailleurs de fond a permis, au gré des subventions attribuées pour ses différents projets, un financement continu, bien que plus ou moins important selon les années, qui assure le devenir du CEUM. De plus, le CEUM a su s'entourer de partenaires très divers, dont les plus proches sont les membres du conseil d'administration de l'organisation et des professionnels, universitaires et experts qui prennent part aux différents comités. Ce regroupement d'acteurs aux intérêts convergents assure, au fil du temps, une légitimité « scientifique » et « technique » de son action. Dans un autre registre, le CEUM tisse de façon stratégique d'autres relations auprès des acteurs

---

[81] Nous entendons, dans ce cas-ci, la notion d'idéologie principalement dans le sens que lui donne Althusser, à savoir « « des représentations du rapport imaginaire d'une société » avec son milieu (économique, social, politique) » (Ruby et Lussault, 2003 : 481).

[82] À ceux-là se rajoutent d'autres que nous n'avons pas mentionnés. Si nous devons les récapituler, de manière générale et sans être exhaustif, cela concerne les acteurs politiques (acteurs municipaux et pouvoirs publics aux différentes échelles, etc.), comme les autres acteurs de la société civile et du mouvement urbain local (groupes de citoyens, OSBL, etc.), les acteurs privés et les bailleurs de fond (fondations, etc.), les milieux de recherche et les universitaires et les citoyens. Cet ensemble d'acteurs constitue la sphère relationnelle du CEUM.

[83] Pour George et al. (2009), un acteur construit une image de lui-même capable d'illustrer un rapport de force auprès, par exemple, des bailleurs de fond ou des élus.

politiques, des citoyens et autres acteurs de la société civile et du mouvement urbain local, lesquelles représentent la condition par laquelle il mène son action.

Les relations que le CEUM entretient avec notamment l'administration de l'arrondissement du PMR et certains fonctionnaires et élus de la Ville de Montréal (dont le maire) synthétisent des rapports de pouvoir en constante définition, entre détente et tension, avec les acteurs du pouvoir public montréalais. Ils constituent une des raisons pour laquelle l'organisation, qui a une vision alternative du devenir urbain, investit l'espace public, avec l'ambition de les influencer. Car, l'ensemble des élus et des fonctionnaires que l'organisation interpelle représente le pouvoir en place et certaines idées et valeurs plus traditionnelles en termes de développement démocratique et d'aménagement urbain. Investir alors l'espace public souligne la réticence de ces derniers à partager le pouvoir dans une perspective élargie de participation des citoyens aux enjeux politiques et de co-production de l'action publique. Autrement dit, le CEUM veut renforcer le rôle des citoyens dans l'action publique et redéfinir la relation aux élus. Il mise, pour ce faire, sur la valorisation des préoccupations des citoyens sur le devenir de leur cadre de vie. Bien entendu, ce type de relations avec les acteurs politiques évolue dans le temps et de façon contrastée. D'ailleurs, un des co-fondateurs de la SODECM sera nommé président du Chantier Démocratie de la Ville de Montréal. À la lumière de ces exemples, nous pouvons avancer que si, à un moment donné, les rapports de pouvoir se révèlent être de l'ordre du conflit et du compromis, ils peuvent tout aussi bien être de nature plus consensuelle à un autre moment, et *vice versa*.

En ce qui concerne les relations avec les citoyens, celles-ci mettent en lumière une approche itérative que le CEUM construit sur les modes de la sensibilisation à l'écologie, de l'information et de la mobilisation. C'est à travers notamment le « jeu » de la mobilisation des citoyens avec lesquels elle travaille que l'organisation effectue une lecture des préoccupations des citoyens. Lors d'assemblées ou par médias interposés, elle scrute leurs intérêts pour faire valoir des objectifs en lien avec les questions démocratiques et écologiques propres au contexte montréalais et auxquelles ils ont avantages à faire entendre leur voix.

Enfin, le CEUM entretient des relations privilégiées avec certains acteurs de la société civile montréalaise, en particulier ceux qui œuvrent en faveur des mouvements urbain et écologique montréalais. Bien évidemment, la nature de ces relations varie selon les activités et le contexte socio-politique montréalais du moment. Certaines ententes bien arrimées traduisent des rapports collaboratifs et co-productifs. Dans le cadre des SC, l'ensemble de ces organisations revendique par ailleurs une appartenance commune au mouvement urbain montréalais, et duquel le CEUM se veut un élément rassembleur. Notons que longtemps son rôle était relativement marginal au sein de celui-ci, du fait qu'il intervenait surtout dans le quartier Milton-Parc[84].

Parmi ce système de relations, le CEUM met en exergue les rapports avec les citoyens et certains acteurs de la société civile montréalaise de manière stratégique. En fonction de ses représentations du développement urbain du moment, l'organisation s'appuie sur les ressources puisées de ses relations qu'elle va intégrer à son discours. Celui-ci, fort de cette capacité à catalyser un ensemble de points de vue, fait office de « masse critique » — pour reprendre des termes de la science physique. Le CEUM agit alors avec la perspective de faire valoir sa vision auprès des acteurs publics. C'est une étape nécessaire en vue de mettre en œuvre sa mission.

Ce retour sur l'histoire précédant la fondation du CEUM et son développement nous éclaire sur la manière dont cet acteur circonscrit son action, notamment en ce qui concerne les activités concrètes qui synthétisent ses représentations du développement urbain montréalais. Présentant les résultats de notre recherche, le prochain et dernier chapitre expose leur nature.

---

[84] Certains individus du CEUM, à titre d'exemple, la principale co-fondatrice, ont toutefois contribué à la mobilisation de citoyens dans d'autres quartiers sur des enjeux de logements, notamment à Benny Farm.

CHAPITRE IV

UN RENOUVELLEMENT DES FAÇONS DE FAIRE ET DE PENSER LE
DÉVELOPPEMENT URBAIN

Au-delà d'une présentation descriptive des activités et des projets, réalisées ou
en cours, du CEUM, étape nécessaire à la familiarisation de l'action d'un acteur de la
société civile, la transformation de l'organisation prend un sens particulier lorsque
nous scrutons les représentations du développement urbain qui y sont associées. Dans
le cadre de notre recherche, nous soutenons l'hypothèse que les représentations,
construites par des systèmes d'idées et de valeurs afin d'appréhender le réel, sont
constitutives d'un travail de médiation, entre l'intention d'agir sur le devenir urbain
énoncé par les acteurs et l'appropriation idéelle et matérielle de la ville par ceux-là.
Ceci dit, que nous apprennent les éléments discursifs récoltés lors des entretiens, dans
les documents produits par le CEUM ou sur son site Internet ?

Nous avons souligné dans notre démarche méthodologique l'importance du
caractère artisanal propre à la conduite de notre étude des représentations du
développement urbain du CEUM. Si nous gageons « découvrir » la vision du CEUM,
nous avons indiqué, dans la section sur la méthodologie dans le premier chapitre,
l'intérêt que nous portons pour une lecture « géohistorique ». Une telle démarche
dans le processus de « découvrir » révèle sa pertinence à travers, nous le répétons,
des conditions géographiquement et historiquement déterminées, c'est-à-dire le
milieu et l'époque dans lequel il engage son action. Nous l'avons délimité dans le
troisième chapitre.

Dans ce chapitre, nous tenons à camper ce travail d'« artisan » à la lumière de
notre démarche dialectique. Pour ce faire, à travers les actes de décoder les valeurs,
de déchiffrer les approches, etc., nous sommes enclins à interpréter les données
récoltées afin de souligner la cohérence de l'action du CEUM. Ayant mis au jour un

moment charnière dans l'historique du CEUM qui traduit une passation des rôles entre la génération des co-fondateurs et celle de la relève, nous nous intéressons à ce changement dans la dynamique de cette structure organisationnelle pour en montrer la transformation générale des façons de faire et de penser le développement urbain. Éclairons, pour commencer, comment la mission a changé en distinguant le discours porté par chaque génération.

4.1 L'évolution du discours sur le développement urbain porté par la génération des co-fondateurs et par celle de la relève

4.1.1 Le discours sur le développement urbain porté par la génération des co-fondateurs

4.1.1.1 La mission et son mode d'intervention

Au moment de sa fondation, d'après le principal co-fondateur (F2), le CEUM demeure une des seules organisations communautaires de Montréal à traiter de différents enjeux politiques et sociaux sous l'angle de ce qu'il nomme l'« écologie urbaine ». Cette approche, telle que développée dans le cadre du CEUM, traduirait une mise en application dans un cadre urbain des principes de l'écologie sociale. C'est d'après cette condition que l'organisation s'emploie à définir les paramètres de son action et les balises de son intervention, ce que met en exergue sa mission.

Dans le premier rapport d'activités annuel de la SODECM (1997 à 2000), l'organisation fait valoir que : « [s]on mandat consiste à promouvoir l'écologie sociale et à favoriser la défense collective des droits » (SODECM, 2000). L'écologie sociale, nous l'avons vu, constitue la racine idéologique à partir de laquelle sont articulés les trois volets (le journal Place Publique, le CEU et le GRED) mis en place et réunis dans le cadre de la SODECM. Rappelons que l'écologie sociale traite de la liberté des individus dans la sphère sociale (Bookchin, 2003) et que, pour ce faire, il convient pour les principaux co-fondateurs de doter les citoyens d'outils concrets. C'est donc en toute logique qu'à travers ces trois axes d'interventions, l'organisation vise à informer et éduquer les citoyens à ce qu'elle nomme la « défense collective des droits ».

Très tôt, les axes d'interventions prises par la SODECM, tels qu'on les retrouve dans le premier rapport d'activités annuel, consistent à « [faire] la promotion de programmes innovateurs favorisant autant le développement durable par l'élaboration de solutions de rechange aux habitudes de vie urbaine actuelle que la création de lieux de concertation communautaire » (SODECM, 2000). Deux perspectives générales y apparaissent : d'une part, le recours à des initiatives visant la transformation du cadre de vie, *via* le développement durable, mais inspirées de l'écologie sociale, et, d'autre part, la dimension communautaire qui repose sur la mobilisation des citoyens. Pourtant, il faut rappeler que la SODECM est alors une entité à trois têtes et que chacune à sa manière met en pratiques ces orientations : la mobilisation citoyenne pour le CEU et par le journal PP, et l'activité écologique pour le GRED. D'ailleurs, dans ce rapport, il n'y est pas fait mention d'une intervention à une échelle particulière, ce qui semble indiquer que le mode d'intervention n'est pas confiné à un espace spécifique bien que le CEU faisait, au départ, de la mobilisation surtout dans le quartier. Précisons que la SODECM, pour son principal co-fondateur, soulève la perspective d'être identifié au contexte montréalais et ainsi de se démarquer de la manière dont fonctionnent traditionnellement les autres organisations communautaires, c'est-à-dire restreintes à un niveau relativement local ou à un secteur d'activité — rappelons que le « M » de SODECM et de CEUM vaut pour Montréal.

Même si dans les faits le CEU est un peu considéré comme un organisme de quartier qui s'intéresse aux enjeux montréalais, la mission de la SODECM durant cette période de la genèse ne circonscrit pas vraiment, pour un répondant (T2), son action globale. Il l'explique par cette volonté première des co-fondateurs de ne pas trop définir les choses, de les laisser évoluer sans les borner à un cadre spécifique. Les axes d'interventions étaient alors communément articulés sans contrevenir à leur objectif propre et complémentaire. Cette façon de faire correspond à la philosophie à l'origine de l'action de la SODECM et aux valeurs attenantes.

4.1.1.2 Une philosophie à l'origine de la mission

Comme nous l'avons vu précédemment, les principaux co-fondateurs ont toujours joué un rôle déterminant sur la conduite du CEUM, et cela se poursuit jusqu'à maintenant, quoique moins directement alors qu'ils ont passé le flambeau à une équipe plus jeune. Leur influence est même solidement ancrée à l'histoire du « quartier Milton-Parc » bien avant la création du CEUM (nous avons abordé ce point lorsque nous avons présenté la pré-histoire de l'organisation). Leur trajectoire révèle une philosophie de vie, l'écologie sociale, qui les amène très tôt à s'intéresser à la question urbaine, au sens de Castells[85] (1972). Pour eux, la ville canalise les pouvoirs économique et politique qui subliment en conséquence les inégalités sociales, et contre lesquelles il faut remédier. Elle représente également le lieu où la consommation excessive des ressources par rapport à ce que la ville peut produire génère des impacts environnementaux négatifs sur la qualité de vie des citoyens. Déjà les principaux co-fondateurs ont relevé, afin d'y contrevenir, l'importance de la ville comme lieu de la production avilissante en préambule de l'action du CEUM : « Le premier pamphlet que nous avons publié cet automne de 97 a une citation de Lewis Mumford disant que la ville prend les ressources, donne tous les déchets. Cette idée était là » (F1).

De manière générale, l'écologie sociale comme angle de lecture conduit le principal co-fondateur à cibler les enjeux de développement urbain dans une perspective philosophique et morale pour les révéler aux citoyens et aux autres acteurs : « il faut préparer une campagne d'éducation populaire sur les grands enjeux : c'est quoi la ville, c'est quoi la question urbaine, une ville écologique, une ville démocratique, etc. » (F2). Ce questionnement met en lumière la volonté pour le principal co-fondateur de développer des activités d'éducation populaire et de mobilisation des citoyens de manière à conscientiser l'ensemble de la population sur ce qu'est la ville et sur leur place et leur potentiel contribution en son sein. À partir de cette philosophie, il développe une lecture alternative de la ville qui remet en cause le système politique et économique dominant duquel découle actuellement un schéma socio-spatial oblitérant les crises qu'elle produit. C'est la vicissitude du rapport Espace/Société dominant qu'il souligne dans ces propos :

> [L]a transformation fondamentale des quartiers et de la ville, aux niveaux politique, sociale, économique, culturel, la transformation complète de cet espace géographique est absolument essentielle parce que sans ça, on ne peut pas trouver de vraies solutions pour la crise de l'économie urbaine. (F2)

Le questionnement préalable sur la ville posé par le principal co-fondateur s'articule à partir de dimensions intrinsèques à celle-ci et étroitement liées les unes aux autres. Il concerne de façon générale la place des citoyens dans la ville et l'occupation à la fois physique et mentale[86] qu'ils en font, l'importance d'une culture

---

[85] Castells (*ibid.*) appréhende dans *La question urbaine* le développement du phénomène urbain dans ses dimensions historique, idéologique, structurelle et politique.
[86] Il s'agit alors pour le principal co-fondateur de décrypter et rendre compte de leurs pré-occupations, comprises ici dans le sens étymologique du terme.

politique individuellement partagée et collectivement négociée, et ce, de manière à développer un rapport redéfini à la ville pour une meilleure qualité de vie. Il divulgue en somme l'interrelation du rapport Territoire/Culture en fonction de l'écologie sociale que le principal co-fondateur explicite en ces mots :

> Alors, il faut transformer cet espace [urbain] au niveau du pouvoir [...]. Et en faisant ça, on change les rapports fondamentaux entre nous les humains, et par ça on veut dire entre les jeunes et les âgés, entre les sexes. Tous les rapports [sociaux] doivent être changés dans ce processus. (F2)

Finalement, lorsque le principal co-fondateur s'interroge sur la place centrale qu'occupe la ville en tant que construit social dans un environnement terrestre fini, le rapport Humanité/Nature est dévoilé :

> Et en faisant tout ça, même si on [adopte] une approche où on veut transformer toutes ces relations de pouvoir, et toutes les institutions où le pouvoir est concentré, la question fondamentale, la question écologique ne peut pas être réglée si toutes ces choses là, nouve[lles], n'[ont] pas un rapport complètement radical avec la nature, entre nous et la nature. Parce que notre relation en tant que société avec la nature, actuellement, est dans un état de guerre. (F2)

La thèse du principal co-fondateur est de travailler sur le rapport Humanité/Nature en agissant directement sur les environnements construits par les êtres humains (social, politique, économique, naturel, etc.), notamment dans le contexte socio-spatial et politique montréalais. Elle constitue le moteur idéologique de l'action de la SODECM qui traduit ces relations en un tout cohérent. Les représentations de la ville dévoilent une lecture du bien commun qui ne peut être significatif que si l'ensemble des citoyens prennent conscience de leur pouvoir s'ils s'impliquent dans le devenir de leur milieu de vie et s'approprient les espaces urbains qui leur font sens.

4.1.2 Le discours sur le développement urbain porté par la génération de la relève

4.1.2.1 La mission et son mode d'intervention

La mission a changé entre la création de l'organisation et aujourd'hui, sans que la philosophie de fond ne change : « ça a été formée autour de l'écologie et ça reste toujours ancrée dans l'écologie sociale » (A2). La mission décrite dans le dernier rapport d'activités annuel (2008/2009) apparaît ainsi : « le Centre d'écologie urbaine de [M]ontréal a pour mission de développer et de partager une expertise quant aux

approches les plus viables et démocratiques de développement urbain durable »
(CEUM, 2009a). Tant et si bien que si, durant la période de la genèse, la mission
représentait un cadre large et peu borné, elle est maintenant affinée et mise en avant
de manière à schématiser de façon spécifique l'action de l'organisation.

Aujourd'hui, le mode d'intervention du CEUM, présenté dans son dernier
rapport d'activités annuel, est formulé ainsi :

> Notre approche s'inspire de l'écologie sociale qui questionne les relations entre
> la société et la nature, qui traite conjointement les enjeux sociaux et
> environnementaux, qui priorise l'échelle des quartiers et de la ville et qui
> insiste sur le droit fondamental des citoyenNEs à prendre part aux décisions
> relatives à la planification et à la gestion des affaires urbaines. Nous
> développons des actions spécifiques qui permettent de faire des avancées tout
> en nous efforçant de comprendre et d'agir sur les rapports sociaux qui freinent
> la mise en œuvre des changements requis afin de faire face à ces enjeux de
> manière adéquate (CEUM, 2009a).

Nous pouvons mettre en lumière plusieurs éléments sur lesquels le CEUM
définit son mode d'intervention. Dans un premier temps, l'organisation perpétue
l'orientation « philosophique » de la génération des co-fondateurs. Elle confirme son
attachement à une approche basée sur l'écologie sociale à partir de laquelle elle
cherche à lier ses thématiques d'activités. En voulant « traite[r] conjointement les
enjeux sociaux et environnementaux » (*ibid.*), les thématiques de l'écologie et de la
démocratie sont abordées, d'après un certain angle, à l'unisson. En effet, cette
tendance, tout en témoignant de l'expérience acquise par le CEUM en matière de
réalisation de projets, dénote une condition nécessaire quant à son approche à l'égard
des problématiques urbaines, ou, du moins, est-elle de plus en plus mise de l'avant en
ce qui concerne une manière de traiter les enjeux urbains. Dans un deuxième temps,
l'accent est mis sur une présentation beaucoup plus détaillée de la façon dont opère le
CEUM sous la direction de la génération de la relève. Ainsi sont intriquées les
questions de mobilisation ou de participation — nous verrons en quoi la différence
est à faire — des citoyens ; celle de leur intégration dans les processus, sur le mode
de la planification et de la gouvernance, de transformations du cadre urbain et ce, à
deux échelles d'action distinctes. Cette composante, présentée d'un seul bloc, atteste
ce changement à l'interne des manières de faire, plus que de penser. Nous aborderons
cet aspect dans une partie suivante.

4.1.2.2 La philosophie mise de l'avant par les co-fondateurs comme angle de lecture actualisé

La référence à l'écologie sociale comme philosophie et donc comme angle de lecture de la question urbaine est maintenue par la nouvelle génération. Plusieurs représentations sur ce qu'est la ville dans ses dimensions politique, économique et écologique font preuve de l'appropriation par l'ensemble des répondants des réflexions originelles apportées par les co-fondateurs sur l'écologie sociale.

Au CEUM, les répondants, qu'ils soient des travailleurs, des membres du conseil d'administration ou des bénévoles, s'accordent pour dire que la ville consiste en un « milieu de vie ». Exprimée en ces termes, la ville est, pour eux, l'objet de plusieurs images qui tendent à produire des représentations relativement bien définies de la ville des points de vue politico-économique et écologique. Ces représentations de la ville témoignent du partage de la thèse des co-fondateurs.

Les répondants rencontrés se positionnent à l'encontre d'une façon élitiste de produire la ville. La ville, dans son organisation et son développement comme espace urbain découlant de la production capitaliste et de la démocratie représentative, reflèterait en premier lieu les intérêts des élites économiques et politiques. Les tenants d'un tel modèle de la ville l'administrent selon une logique entrepreneuriale : « avant tout, la ville c'est un milieu de vie [...] qui malheureusement a été investi par des intérêts soit privés, bureaucratiques, ou une vision très bureaucratique, ou une vision comme quoi la ville, c'est quelque chose à administrer » (B3). Cette vision économiste met en scène une élite qui privilégie ses intérêts au détriment de l'équité sociale ou environnementale. Ainsi, comme le précise un répondant, cette représentation désigne :

> [...] un espace où il y a des forces en présence, et c'est ça qui construit la ville ; des rapports de force, des rapports de domination où les intérêts [...] économiques sont ceux qui priment, donc nous on doit travailler à constituer une force alternative pour balayer ça. Ce sont les prédateurs de l'environnement en fait. (T2)

Dénonçant cette vision de la ville, les revendications mises de l'avant par le CEUM en faveur de l'équité sociale dans la ville et d'un respect de la nature questionnent cette façon de faire et de penser, que qualifient leurs représentations du processus de production de la ville.

Une deuxième représentation se détache. La ville apparaît comme un espace politique institutionnalisé, mais aussi un lieu d'appartenance, de reconnaissance identitaire. En effet, la promotion d'une vision holistique sur le développement de la ville et son renouvellement prend la forme d'un devoir politique qui aboutit sur l'importance d'agir dans la sphère publique et plus particulièrement municipale. Une bénévole, travaillant dans le cadre du GTDMC, « voi[t] la ville comme une municipalité d'institutions » (B1) toujours en lien avec le territoire. Le GTDMC considère la ville comme le lieu de débats publics ou encore la « Cité » appelée à être définie par les citoyens en relation avec les élus. Cette vision du GTDMC s'inscrit dans le contexte de la réforme politico-administrative de la Ville de Montréal — ce qui par ailleurs est une des raisons à l'origine de sa création. Cependant, avec l'arrêt récent de ce comité de réflexion, nous nous posons la question de savoir ce qu'advient cette représentation de la ville. Une partie de la réponse prend forme ci-dessous.

Dans un deuxième temps, il y a l'idée, métaphore empruntée à l'écologie, que la ville est comparable à un écosystème. Les images, quasi-biologiques, des rapports humains à leur milieu de vie font valoir la question environnementale et l'importance d'une bonne qualité de vie dans un cadre urbain où prime le bien-être : « je pense que c'est [...] un équilibre entre un fonctionnement d'écosystèmes [de sorte à ne pas] regarder [...] juste la ville centrée autour du citoyen, mais [de manière à privilégier le] bien-être [chez le] citoyen. Comme un équilibre entre les deux » (T1). Ce discours sur la ville en tant qu'écosystème où l'être humain se trouve être conditionné par son milieu de vie urbain s'inscrit dans la lignée de représentations qui associent, sur le principe de relation biologique, ville et maladie ou ville comme générateur de pollution et de « déséquilibre ». Elle synthétise, dans un sens, un changement des perceptions et représentations et des discours sur la ville au fil des années. Pour ne retenir qu'un exemple, le critère du bien-être en ville illustre une nouvelle orientation des représentations sur les façons d'y tendre. L'approche écologique qui repose notamment sur l'équilibre présuppose que le développement urbain durable et démocratique devienne une quête en soi. Elle soulève la question d'un « meilleur » aménagement possible, mais, *a contrario* de l'écologie sociale, elle atténue les réflexions sur l'« équilibre » social, qui lui s'exprime d'un point de vue politique par l'équité entre les parties composant le tout sociétal. En référence à ce que nous avons indiqué en introduction, l'objectif pour le CEUM est désormais de rendre la ville « aimable » pour ses habitants. À mesure qu'il s'avère difficile de contrer le

103

« déséquilibre » social, la promotion de l'idée du bien-être fait de plus en plus référence à une seule perspective environnementale, plus facilement négociable.

4.2 Un ensemble de valeurs et de symboles inscrits dans le déroulement de l'action

Sans vouloir inscrire toutes les dimensions de l'action du CEUM à la lumière d'une tension générationnelle et politique, il importe de signaler la richesse des points de vue qui ont été partagés au sein de l'organisation vis-à-vis des représentations sur le développement urbain — nous l'aborderons plus avant —, mais aussi à propos de la manière d'aborder la réflexion sur la mission par l'ensemble des répondants.

4.2.1 Des valeurs comme ressources pour l'action

Pour le principal co-fondateur, l'écologie sociale représente une piste de réflexion et d'action à explorer concernant les tensions qui découlent du couple Humanité/Nature. Cette philosophie met à jour des valeurs que les répondants identifient à l'action du CEUM.

À partir de l'exercice méthodologique de l'artisan, nous catégorisons les expressions de ces valeurs en autant de champs caractérisant les enjeux d'une urbanité envisagée *a posteriori*[87]. Pour commencer, les expressions mesurant l'importance du pouvoir du citoyen constitue un premier champ. Celui-ci revêt une priorité certaine, comme l'exprime ce répondant en donnant en exemple les termes de « justice sociale », « décentralisation », « pouvoir direct », « participation ». Pour celui-ci, « c'est quelque chose qui est très [...] fort pour nous, c'est-à-dire le droit des citoyens de décider des enjeux, de participer aux décisions qui concernent le développement de leur quartier, de leur ville » (T2). Précisons dans ce cas que l'idée de justice sociale ou celle de décentralisation constituent des ressources de nature idéelle (pour la première) ou matérielle (pour la seconde) qui alimentent symboliquement les réflexions dans l'orientation des pratiques de l'organisation. Les idées plus générales, et donc ici axiologiques, de pouvoir direct ou de participation des citoyens signifient non pas la cause ou la conséquence (mettons comme exemple que la justice sociale serait le résultat visé par une pratique) à partir desquelles le CEUM construit son action. Elles sont plutôt le moyen idéologique grâce auquel l'organisation va définir, dans la limite du possible car devant se plier à la nécessité

---

[87] Pour Lussault, l'urbanité *a posteriori* suggère « l'état avéré d'une situation urbaine [...] particulière en un temps historique donné » (2003 : 967). Elle sous-tend un niveau d'agencement socio-spatial qui éclaire le « capital urbain », c'est-à-dire le potentiel d'urbanité que, par exemple, un acteur de la société civile détient.

du terrain, les conditions précises qui visent à inclure le rôle des citoyens dans son discours et à mobiliser certains d'entre eux à travers ses initiatives.

D'autres termes soulignent cette fois-ci une dimension causale de l'association du rôle des citoyens avec la notion de pouvoir auquel le CEUM donne de l'importance. Il s'agit des termes, qui nous ont été cités, d'« autogestion » et de pensée « anarch[iste] » : ils constitueraient des ressources idéelles qui entrent dans la définition de la démocratie participative proposée par l'organisation (T3).

Un deuxième champ d'expressions fait écho à l'idée de qualité de vie. Un des répondants précise certaines conditions, matérielles car liées aux économies d'énergie, et idéelles parce qu'évoquant une mentalité ouverte aux changements de comportements que cela implique, pour que l'objectif du « bien vivre en ville » se concrétise : « il y a des économies énergétiques, il y a des économies d'échelles, il y a des bienfaits culturels par rapport à la vie urbaine » (A2). Également, dans le même ordre d'idées, l'« écologie » et la « protection de l'environnement » sont quelques notions qui reviennent régulièrement. Elles sont citées par certains répondants comme étant des valeurs par excellence. Si nous nous référons aux propos du dernier répondant (A2), celui-ci précise que les changements à poursuivre pour une meilleure qualité de vie en ville peuvent être réalisés par le biais de moyens écologiques, par exemple, en prenant des mesures de verdissement de l'espace public. Cette emphase sur les ressources matérielles assurerait, toujours selon ce dernier, une « ville avec un sentiment de communauté ». Néanmoins, pour que ce sentiment prenne naissance, il importe de travailler sur la participation des citoyens à la définition de ces projets. Les expressions d'« *empowerment* » et « d'écoute », qui reviennent dans les propos de nos répondants, reposent sur l'idée de l'implication de chacun auprès de sa communauté avec comme perspective l'agissement en faveur du bien-être et les changements pour y parvenir. Le CEUM tente par son action que les citoyens reconnaissent leur pouvoir et qu'ils s'approprient leur cadre de vie. Ces derniers sont appelés à s'engager à la lumière des préoccupations qu'ils ont de leur territoire et à mettre en œuvre diverses ressources matérielles (par des pratiques de verdissement ou de mobilisation socio-politique) afin d'obtenir satisfaction. Pour finir, l'éducation serait alors la valeur stratégique, la cheville ouvrière, faisant subséquemment office de lien entre les différents champs de valeurs pour une urbanité. Une répondante manifeste ce point de vue : « [...] l'éducation nécessairement. On ne peut pas attendre de mettre la mission en œuvre si on ne fait pas de l'éducation » (A3).

Par ailleurs, cet ensemble de valeurs que nous venons d'analyser puise ses racines dans les ressources historiques du CEUM étroitement liées avec l'évolution du « quartier Milton-Parc ». C'est ce que signifie cet extrait tiré de la page Internet qui présente l'historique du CEUM et de sa communauté : « [U]n fort sentiment de solidarité et une volonté de prendre en main le sort de leur quartier se sont développés chez les résidants, ce qui constitue un terreau fertile pour l'expérimentation de solutions écologiques novatrices » (Centre d'écologie urbaine de Montréal, 2010). Cet emprunt met de l'avant l'idée que les dimensions vécue, idéelle et matérielle d'un tel lieu investi de sens par ses habitants ne se découvrent qu'à partir de ses ressources territoriales. Ressources territoriales qui, par ailleurs, justifient pour le CEUM l'idée d'associer les pratiques passées et présentes des habitants du quartier à ses propres représentations de ce que devraient être les pratiques présentes et futures en matière de relations redéfinies au territoire, voire, comme nous le présentions plus haut, de contributions à l'« équilibre urbain ». Au final, le simple fait d'exalter cet ensemble de valeurs ne les engage pas nécessairement. Pourtant, elles sont, sinon un guide, du moins un cadre à l'action.

4.2.2 La charge symbolique du discours

La référence faite à des ensembles de valeurs et les dimensions de sa mission développées afin de mettre en œuvre son action trouve par moment un écho sous la forme de ce que nous appelons, dans la continuité du travail d'« artisan », une charge symbolique. Cette charge symbolique donne un sens particulier à l'action. Elle met de l'avant une vision du développement urbain promue à travers l'emploi récurrent d'éléments et de valeurs porteurs d'une image forte. Elle recoupe, dans notre analyse, l'idée de pérennité, de qualité de vie, de nature en ville, etc. Une répondante donne certains traits caractérisant cette circularité des idées qui devient, à force de répétitions, conviction :

> [Il y a une] vision à long terme d'une ville agréable à vivre, saine, sécuritaire, où il y a de la place pour tout le monde. L'idée d'avoir une ville verte. On frappe l'imaginaire avec les autos, où tu vois dans les villes pleines de bois partout, c'est agréable (T1).

De plus, des slogans et des noms d'activités ou d'évènements tels que, pour ne citer qu'eux, l'invitation faite aux citoyens lors du quatrième SC de s'approprier « les clefs de la ville », ou bien l'ambition affichée de « changer le monde un quartier à la fois » caractérisent symboliquement les orientations de son intervention sur les plans politique, territorial, etc. Finalement, un symbole fort, placé en tête du site Internet, vise, du moins par les mots, à nouer ensemble les deux thématiques de l'action que porte le CEUM : « pour une ville écologique et démocratique ». Si ce slogan ne prétend pas constituer une panacée, il fait, à tout le moins, valoir la « marque de fabrique » de l'organisation.

Il est évident que la diffusion du message du CEUM ne se joue pas seulement à partir des valeurs et de ce qui compose cette charge symbolique, mais qu'elle est plus ancrée et qu'elle trouve sa raison d'être dans la quotidienneté du contexte montréalais. Néanmoins, nous pouvons faire le constat d'un acte discursif qui propose une ville écologique et démocratique, ce que seraient des « quartiers verts », par exemple. C'est-à-dire que le message véhiculé exprime le projet utopique, dans le sens d'un objectif vers lequel tendre, aussi bien dans sa dimension spatiale, entreprises par des initiatives mettant en lien l'aménagement du territoire et la mobilisation citoyenne, qu'en référence à une urbanité idéalisée.

4.2.3 Au-delà de la mission, un intérêt dévoué pour les grands enjeux urbains montréalais

Parallèlement, le CEUM intervient dans certains enjeux urbains montréalais qui ont trait à des questions en lien avec les thématiques de son action. Auxquels cas, il contribue aux débats publics, voulant faire avancer les idées et influencer les élus. En effet, l'un des objectifs de l'organisation consiste à influencer l'action publique en matière d'aménagement, de planification et de gestion urbaines. De manière générale, une des pratiques qu'il poursuit à cet égard consiste à rédiger des mémoires et à les faire parvenir auprès des différents acteurs concernés. Leur nature varie d'un enjeu à l'autre, mais, sans prétendre à l'exhaustivité, certaines préoccupations reviennent. Des dix mémoires que nous avons récoltés (*cf.* annexe 2, où sont présentés plus en détails les objets de ces mémoires), ceux-là concernent principalement les questions d'aménagement urbain et de planification territoriale sur les thématiques de la mobilité et du transport, mais aussi, sur un autre registre, les recommandations faites en faveur d'un pouvoir citoyen à travers l'exercice de la participation.

Face aux enjeux d'aménagement et de planification, le CEUM propose des solutions qui découlent bien évidemment des valeurs qu'il met de l'avant. Ainsi, nous retrouvons des propositions de mise en application des principes du développement durable. Intervenant, par exemple, sur le Plan de transport de la Ville de Montréal afin de valoriser la mobilité des personnes plutôt que la mobilité automobile, nous constatons que « le Centre d'écologie urbaine de Montréal a comme objectif de rendre les rues locales plus calmes et sécuritaires tout en augmentant la qualité de l'air » (CEUM, 2007 : 4). À travers cet exemple, la préoccupation de l'organisation concerne l'amélioration de la qualité et du cadre de vie. Pour ce faire, elle préconise toute une série de mesures, techniques et éducatives, visant à faire de la ville un espace sain.

Toutefois, ce qui est remarquable concernant les sujets abordés dans les mémoires, c'est la variété des problèmes urbains qui se déploient à diverses échelles. L'échelle d'intervention telle que définie actuellement dans la mission oscille clairement entre quartier et ville. Or, les enjeux intrinsèques au développement urbain de Montréal relèvent des niveaux d'intérêt (jusqu'à la métropole) de la part de l'organisation qui dépassent ceux fixés par la mission. Cela confère, finalement, un caractère transversal inhérent à ses activités et projets, à l'image de la réalisation d'un aménagement métropolitain. À titre d'exemple, les conséquences du projet de l'échangeur Turcot dépassent la simple localisation de celui-ci :

> [Le CEUM considère] que le projet tel que présenté s'inscrit dans une vision dépassée de l'aménagement urbain et de la planification des transports, ne répond pas aux besoins de la collectivité montréalaise, ne tient pas compte du tableau complet des transports dans la région, ne permet pas de réduire les émissions de gaz à effet de serre et autres polluants atmosphériques ni les impacts sur la santé qui en découlent et maintient la fracture dans le tissu urbain du sud-ouest que la construction de l'échangeur a créée dans les années 1960 (CEUM, 2009b : 2).

Cette lecture des problèmes du développement urbain, dans ce cas-ci des enjeux de circulation ou de transport, met de l'avant une critique fondée sur une analyse systémique de la situation.

Bien entendu, cette démarche de sa part n'est pas systématique. Le CEUM œuvre en priorité sur des activités spécifiques et des projets d'expérimentation et ne fait pas de « *lobbying* ». C'est l'impression exprimée par une répondante :

> On réagit, on fait des choses. Ce n'est pas un reproche là. Mais c'est un constat [...] inhérent au fonctionnement [de l'organisation], parce que le centre est d'abord et avant tout... comme je le disais, c'est dans les approches d'expérimentations et tout ça... Si le centre était uniquement concentré sur de la recherche, de la publication, on pourrait appeler ça une forme de *lobby*, une

action politique plus concertée (A3).

Ce caractère propre aux réflexions sur le développement urbain témoigne de l'intentionnalité profonde de son action. À travers cet aspect de son intervention, elle fait montre d'un intérêt d'ensemble sur les conditions politiques du développement urbain. Pourtant, là encore, cette stratégie de « réaction » (« On réagit » (*ibid.*)) ne constitue pas la priorité de son action, elle reste tout juste en marge de celle-ci.

Ce type d'activité fait partie intégrante de celles embrassées par la mission. Il concourt à cerner les intérêts profonds pour un type de développement urbain et l'intention de le voir s'appliquer à Montréal.

4.2.4 Des représentations du développement urbain et projet de ville

Le discours du CEUM transmet, de façon absolue, une certaine vision de la ville à laquelle s'attache un projet utopique de son développement. Ses représentations du développement urbain possèdent une force capable de motiver et mobiliser les volontés, les déterminations, de l'ensemble de l'organisation. Un répondant affirme que la mission de l'organisation sous-tend une action avec pour perspective :

> une ville idéale avec une transparence démocratique, une équité sociale, une écologie saine, avec une participation citoyenne. Alors oui on est des utopistes en fin de compte. Mais c'est faisable, c'est que c'est très faisable avec les moyens qu'on a, avec les idées, avec les expertises qu'on a. Ce n'est pas un rêve farfelu. (A2)

Ces représentations sont de manière dialectique le fruit d'une construction identitaire à leur égard. Sans vouloir être tautologique, le CEUM s'identifie aux représentations que l'organisation véhicule, tant et si bien qu'elle incarne cette « utopisation » de la ville elle-même. Ce qui fait dire à l'ensemble des répondants des deux générations que l'action du CEUM s'apparente à un projet de ville. Ce projet de ville synthétise deux conceptions, « un projet politique, un projet social » (T3), que nous avons en partie rendu compte jusqu'à présent.

4.3 Le développement urbain à la lumière du paradigme du développement durable

Le CEUM, et ce, même au temps où la SODECM officiait, a l'ambition d'intervenir sur le construit urbain montréalais afin que, pourquoi pas, celui-ci devienne le fruit de ses représentations. Infléchir un tel devenir urbain nécessite des pratiques qui prolongent les termes d'une réalité complexe sur laquelle intervenir et qui caractérisent l'énergie d'un renouvellement du développement urbain. Dès lors, le CEUM met en œuvre, à sa manière, certains projets en fonction de contextes d'action particuliers concrétisant, tant que faire se peut, la mission que l'organisation s'est donnée.

4.3.1 Environnement, écologie, développement durable : de la bonne entente sur les termes

À plusieurs reprises, nous avons mentionné sans faire de distinction les termes d'environnement, d'écologie ou de développement durable. Nous proposons, dans un premier temps, de clarifier le sens que le CEUM attribue à son action en fonction de ces termes pour, dans un deuxième temps, dégager une stratégie de production d'espace urbain.

À la question de savoir quelle définition le CEUM privilégie-t-il entre ces trois termes (*cf.* annexe 1), l'exercice n'est pas de les mettre en comparaison, mais de cerner la façon dont l'organisation concilie les éléments qu'elle puise dans l'une et l'autre des notions. D'emblée, un premier répondant précise que : « dès le début, on se définit comme un groupe écologiste, pas un groupe en environnement, donc déjà ça cadre un peu. Mais pour nous l'environnement, c'est un enjeu important » (T2). Comme nous l'avons présenté à plusieurs reprises, en tant que philosophie définissant l'action du CEUM, l'écologie sociale est à la base de ses représentations du développement urbain. L'action qui en découle donc révèle un champ d'interventions qui s'intéresse particulièrement au cadre de vie des habitants, à leur environnement urbain. L'écologie (pour reprendre le terme du répondant) signifie alors la lunette avec laquelle l'organisation va scruter les différentes relations et rapports de l'action anthropique vis-à-vis de l'environnement (des environnements préférions-nous dire, surtout si l'on considère une lecture faite par une écologie sociale qui met en lumière un environnement social, régi par une organisation humaine *via* des institutions, à celui non social). Les environnements, ainsi pris, sont alors l'objet qui fait référence à un cadre global sur lequel agir.

Dans une autre perspective, l'idée d'environnement est traité comme l'une des trois dimensions articulée dans la définition internationale du développement durable en place depuis le Sommet de la Terre de 1992. Cet emploi est présenté de la manière suivante par une répondante : « Je dirais plus dans le développement durable, pas nécessairement environnementale au sens strict. Donc il y a toujours une préoccupation d'allier les aspects sociaux et économiques et environnementaux » (A3). Avec le recours au développement durable, un autre système de référence est mis de l'avant. Un autre répondant fait écho aux trois principes du développement durable :

> sous la rubrique du développement durable, il y a le social qui aussi touche le culturel, qui touche la communautaire. [...] Il y a le côté écologique qui, on s'entend, touche l'écologie sans élaborer plus cette définition, et il y a le volet économie. Quand on parle de l'économie, nous on privilégie l'économie locale (A2).

Une certaine conception du développement durable transite dans cet énoncé. Ce qui traduit, en conséquence, une appropriation des principes du développement durable à partir desquels se greffent les valeurs du CEUM. Cependant, pourquoi cette référence au développement durable ? Un répondant constate un certain parallèle entre cette notion et celle d'écologie, bien qu'il privilégie une référence à l'écologie urbaine :

> c'est vraiment l'écologie urbaine qui est une perspective qui peut ressembler au développement durable dans certains aspects, parce que ça intègre le social, l'économique et l'environnemental, mais qui n'est pas le développement durable que certaines compagnies vont dire (T3).

Au passage, nous remarquons la volonté de se démarquer de l'image de la ville produite par les élites économiques et politiques.

Ainsi, ces analogies volontaires et le mélange des termes, à l'opposé de toutes justifications scientifiques, caractérisent une dynamique concernant la stratégie d'ensemble adoptée aujourd'hui par un acteur de la société civile sur le développement urbain. En effet, au-delà des conflits autour des choix sémantiques se pose la question de la rhétorique dominante qui détermine potentiellement les façons de penser et de faire. Dans notre cas, la logique du développement durable appliquée au développement urbain ressort de manière flagrante tout en étant imparable. Cadre principal de l'action dans les politiques publiques, nous le voyons plus généralement être dupliqué et repris par des acteurs de la société civile qui agissent à la lumière d'enjeux en lien avec le devenir urbain. Dans l'absolu, les principes du développement durable « vampirisent » les dynamiques et bousculent les logiques d'action en place en les filtrant selon ses propres termes. Cependant, dans l'immédiat, ceux-là se trouvent appropriés par les acteurs de la société civile. Ils sont assimilés aux logiques de l'action de l'acteur. Nous pouvons scruter cette tendance chez un répondant :

> Le développement durable on l'utilise, et on a des débats sur le développement viable, développement durable et démocratique, développement viable et démocratique. Pour l'instant on dit qu'on travaille les approches les plus viables et les plus démocratiques du développement urbain durable parce que c'est le terme le plus reconnu, donc on s'en sert pour être un acteur dans le domaine. Mais ce n'est pas le terme qui nous plaît (T2).

Bien entendu, ces notions sont mises de l'avant dans le discours. Mais la réalité confrontée par les pratiques met aisément cette donne en question. Ce même répondant l'exprime ainsi :

> On définit *grosso modo* ce [que l'écologie sociale] veut dire, mais on a un volet développement urbain durable dans nos activités. Et la façon dont on travaille, pour nous le développement durable c'est... la participation des citoyens dans les décisions. On le colore avec nos cultures, nos valeurs, mais on joue le jeu de..., on travaille en développement durable parce que c'est la façon dont on va réaliser des actions (T2).

Ce propos éclaire que ce cadre de production de l'espace qu'est le développement durable est le résultat d'une composition originale qui, elle-même, prolonge une lecture hybride des différents enjeux identifiés dans le réel et dont les pistes de solutions requerraient des ressources inédites. De plus, est soulevée à travers ce propos la question de la relation du champ de référence et des moyens de mise en œuvre de l'action. Car, finalement, si nous nous intéressons à la réponse à la question initialement posée, nous observons qu'aujourd'hui, à travers les connaissances approximatives ou les certitudes à propos de ces notions, l'écologie (sociale) représente le champ de référence privilégié par le CEUM et les principes du développement durable caractérisent la mise en œuvre. Un répondant fait le raisonnement suivant :

> L'idée maîtresse, ce qui orientait les choses, c'était l'écologie et je dirai même l'écologie sociale. [...] En principe c'est encore comme ça. [...] Mais dans la mise en œuvre, je crois voir, et ça je pense que ça crée quelques petites tensions entre les fondateurs et ceux qui maintenant tiennent les rennes, peut-être plus le développement durable (B3).

Nous avons souligné, plus tôt, le changement d'orientation dans la manière de faire de la génération de la relève. Sans revenir sur ce point, nous pouvons dire que le travail de mise en œuvre de la mission, référé au développement durable, et plus particulièrement à ses composantes environnementale et sociale, ne traduit pas une poursuite aveugle de principes vagues. Mais tout cela ne vaut que par cette lecture croisée des notions et de leur incarnation hybride dans les pratiques.

4.3.2 Construction d'une image d'un cadre de développement durable opératoire

La mise en œuvre de l'action du CEUM fait référence à une version du développement durable qui sous-tend une appropriation des lectures faites du développement urbain durable, mais aussi des pratiques (des « bonnes pratiques ») pour les concrétiser. D'une part, quelles tendances prédominent dans ces pratiques ? Nous proposons alors de déconstruire l'action du CEUM en un ensemble de moyens stratégiques. D'autre part, à quelles formes socio-spatiales ces lectures du développement urbain durable font-elles référence ? À partir de l'exemple du LV et, plus particulièrement, de l'activité que le groupe de travail a mené pour produire le Plan de développement durable du quartier Milton-Parc, nous verrons comment le CEUM s'attèle à la tâche du développement urbain durable.

4.3.2.1 Des éléments pour une mise en œuvre des pratiques

De manière générale, nous observons trois dimensions avec lesquelles l'approche du développement durable pour « une ville écologique et démocratique » doit s'arrimer. Elles sont puisées des propos d'un répondant : « Il y a le débat public. C'est un véhicule, il y plein d'exemples. Il y a l'espace innovation-expérimentation, c'est important. Il y a l'espace [d']influence des politiques municipales » (T3). Ces trois dimensions synthétisent les moyens que se donnent le CEUM de concrétiser son action.

L'espace public ou plutôt deux variations de la notion d'espace public, une de facture spatiale (les espaces publics urbains) et l'autre de conception politique et synonyme de sphère publique (de type habermassien), caractérisent le point de rencontre de ses trois dimensions et, en conséquence, de l'action[88]. Ainsi, l'espace

---

[88] Nous ne détaillerons pas plus cette relation des « espaces publics », bien qu'il y ait matière à approfondissement. Ainsi, nous nous reposons sur Fleury pour établir ce lien suite à la revue critique de l'ouvrage de Paquot titré « L'espace public » qu'il effectue : « Même si "espace public communicationnel" et "espace public circulationnel" relèvent tous deux "de la rencontre et de l'échange visibles et lisibles,

public se trouve être à la croisée de plusieurs moments ; il est l'objet où se superposent plusieurs situations. Le CEUM s'active, dans un premier temps, en rapport avec sa sphère culturelle et, dans un deuxième temps, au contact de sa sphère relationnelle dans ce que nous nommons, dans un troisième temps, la sphère scalaire. La sphère culturelle fait valoir les références à un imaginaire socio-spatial et à autrui, selon les ressources vernaculaires qu'il puise et les échanges culturels et le transfert de connaissances auquel il prend part auprès d'autres contextes d'action. La sphère relationnelle a été en partie abordée auparavant (chapitre 3), elle tient compte du rôle des différents acteurs avec qui il est en relation dans la construction de son schéma d'action. La sphère scalaire rend compte de la place qu'occupe le CEUM dans le contexte montréalais en fonction de l'évolution de son rôle et de sa « visibilité » aux différentes échelles de la métropole (rue, quartier, ville, métropole) tout comme aux différents paliers gouvernementaux (district, arrondissement, municipalité, communauté métropolitaine).

4.3.2.1.1 La sphère culturelle

La sphère culturelle constitue un point d'appui précieux au moment de la préparation des projets, puisqu'elle permet, en tant que fonction de références, d'ouvrir le champ des possibles pour les pratiques, comme en témoignent les propos suivants :

> L'autre chose, c'est qu'on tente de mettre en valeur les meilleurs pratiques d'ailleurs. C'est ce qu'on a fait avec le BP inspiré de Porto Alegre pour l'amener ici à Montréal. C'est ce qu'on a fait avec les toits verts, pour aller voir dans d'autres villes ce qui se fait ailleurs. C'est ce qu'on est en train de faire avec les QVAS, on va regarder ce qui se fait ailleurs pour dire qu'il n'y a pas de raisons pour qu'on ne puisse pas faire ça à Montréal (T2).

Dès lors, c'est sur la question de la stratégie qu'il faut se pencher. Celle-ci est inhérente au type de projet ou à l'activité produite par le CEUM, bien que des tendances s'en dégagent. La stratégie de transfert de connaissances permet, en somme, de porter un regard différent sur le contexte montréalais présent. La production des activités se trouvent être dans certains cas des reproductions d'initiatives mises en place ailleurs dans le monde et bien évidemment adaptées à

---

appréciables et contestables, appropriables ou non" (p. 8), c'est autour de cette distinction que Thierry Paquot a choisi de construire son ouvrage, considérant qu'ils interagissent constamment et, ce faisant, se transforment mutuellement au fil du temps » (Fleury, 2010 : 2).

celui-ci. En mêlant des éléments véhiculaires à ceux vernaculaires, toutes les échelles s'incarnent dans celle locale de la tenue des activités. Du moins illustrent-elles une stratégie de la part du CEUM qui adopte dans quelques cas des principes (les « bonnes pratiques »[89]) qui s'étendent à travers le monde. Une répondante l'exprime ainsi :

> On va s'inspirer d'expériences d'ailleurs pour dire que nous aussi on peut avoir ça. Le BP au Brésil ça fonctionne très bien. On essaie tout le temps de prendre des villes qui sont comparables avec Montréal pour aider les gens à avoir une vision plus réaliste [des projets] (T1).

Ainsi, lorsqu'il y a importation d'expériences étrangères, c'est pour leur contribution potentielle à la vision du développement urbain dans le contexte montréalais portée par le CEUM.

4.3.2.1.2 La sphère relationnelle

Comme nous l'avons vu précédemment, la stratégie relationnelle prend des orientations différentes selon que le CEUM s'adresse à des citoyens ou à d'autres acteurs. Dans un premier temps, le moyen stratégique privilégié auprès des citoyens est la mobilisation. Au-delà d'une énumération des moyens de mobilisation (porte-à-porte, kiosque, etc.) auprès des citoyens, le CEUM leur porte une attention centrale dont nous avons déjà souligné l'importance. Outre le seul point de vue de la stratégie, le CEUM est à l'origine, l'initiative de quelques individus et, aujourd'hui, il mobilise des citoyens du « quartier Milton-Parc », mais aussi d'ailleurs à Montréal — l'ensemble de ses activités lui confèrent une relative, mais croissante, reconnaissance dans le milieu des mouvements sociaux à Montréal. Notons également que certaines de ces pratiques ont un impact « indirect » pour d'autres citoyens qui ne connaissent *a priori* pas l'organisation et voient les conséquences de son action. Avec une stratégie de mobilisation des citoyens, le CEUM inclut potentiellement l'ensemble de ces derniers à son action.

Dans un second temps, s'intéressant aux autres acteurs de la société civile ou, plus spécifiquement, aux autres organisations communautaires, les échanges et

---

[89] Par « bonnes pratiques », notion large qui n'est guère définie (Bourdin, 2010b), nous entendons la référence faite, en ce qui concerne l'aménagement du territoire, à des méthodes (politique, urbanistique, gestionnaire, technique, économique, etc.) de production d'espace qui ont prouvé leur efficacité, du moins normative, dans le site originel de leur production. La généralisation de ces méthodes ou idées « inspirantes » en fait des modèles, que l'on peut qualifier de « prescriptifs », qu'il faut diffuser ou appliquer.

rapports du CEUM avec eux s'organisent sur une base collaborative. Comme le souligne un répondant : « on tente de créer une coalition avec des organisations, communautaires, féministes, plus progressiste, associés aux mouvements sociaux » (T2). Son inscription à un mouvement urbain montréalais nourrit le partage de pratiques et conduit à des activités menées en commun — comme c'est le cas depuis les deux dernières éditions du SC.

Dans un troisième temps, la relation avec les fonctionnaires et les élus est quant à elle à double sens : elle est transigeante ou exprime un rapport de force. Par transigeante, nous voulons dire que le CEUM joue le rôle d'un initiateur à partir duquel il soumet un projet où il propose son expertise tout en travaillant de concert avec — le cas le plus probant est le BP de l'arrondissement du PMR (nous y reviendrons). L'organisation cherche alors à faire adopter ses projets par la Ville et agit de la sorte comme acteur institutionnel. Mais selon les circonstances, le CEUM se positionne à l'encontre de certaines politiques publiques lorsqu'elles ne rencontrent pas ses intérêts. Son inscription au mouvement urbain qualifie ce positionnement et l'organisation l'illustre lors des SC ou dans la livraison de certains mémoires :

> Comment s'expliquer, alors, que la Ville et l'arrondissement du Sud-Ouest aient accepté de rédiger un [Programme particulier d'urbanisme] répondant en tout point aux besoins de Devimco ? Un plan ou un programme particulier d'urbanisme dont se dote une administration municipale doit refléter les besoins du milieu, auxquels s'ajustent les promoteurs, pas l'inverse! (CEUM, 2008 : 3).

Cet exemple éloquent, puisé d'un mémoire sur le développement d'un projet résidentiel et commercial dans le « quartier Griffintown », confirme les intentions du CEUM de ne pas tergiverser pour mettre en cause la vision du développement urbain des élus ou des élites à son ordre.

Dans un quatrième temps, nous pourrions ajouter d'autres types d'acteurs qui influencent l'action du CEUM et ce, sans compter ceux qui n'ont pas été pris en compte dans le cadre de cette recherche. Les bailleurs de fond constituent un type d'acteur avec un degré faible d'interactivité, du moins dans l'immédiat, car la relation est construite sur des bases particulières. Sans entrer plus dans les détails, la mise en œuvre de pratiques est bien souvent conditionnée par les ressources économiques. L'organisation interpelle des sources de financement. Celles-ci, aux dires d'une répondante, proviennent principalement de bailleurs de fond liés au domaine de l'environnement. Suivant une ligne directrice, les conditions émises par ces derniers ne prennent que rarement en compte des secteurs de recherche annexes. Ils préfèrent ainsi financer des projets de façon sectorielle. Ce qui pousse le CEUM à être imaginatif dans la création de ses projets et l'organisation de ses activités (de manière à être le plus fidèle possible à sa mission). Au final, ces positionnements stratégiques constituent le système de relations interactorielles qui structure la sphère relationnelle du CEUM.

4.3.2.1.3 La sphère scalaire

Dans un autre ordre d'idée, les représentations du développement urbain du CEUM mettent en rapport une conception de l'espace en lien avec les finalités de son action, d'où découle une stratégie spatiale. Le CEUM se représente une échelle pour l'action qu'il fait coïncider comme moyen stratégique. Ainsi, à regarder attentivement le contexte historique montréalais, il est clair que le palier municipal de la Ville de Montréal réceptionne les attentes de l'organisation. Intervenant dans le devenir de l'espace urbain, cette échelle d'intervention situe le point de départ et une fin en soi, c'est-à-dire le pourquoi de l'action. Citons, à ce propos, la parole d'un répondant :

> À Montréal, les responsabilités sont divisées, donc on ne peut pas être juste à l'échelle de la ville ou juste à l'échelle de l'arrondissement. Ce qu'on vise, c'est changer la ville, alors quand on va aux autres échelles, c'est toujours dans une visée stratégique pour éventuellement essaimer pour changer la ville. Donc, éventuellement, on peut dire que l'échelle de la ville est notre priorité, mais dans nos actions, on passe par une échelle plus locale (T2).

La priorité faite au palier municipal de la ville exprime une conscience des paliers politiques qui poussent le CEUM à une action à des échelles variables. Un autre répondant souligne l'évidence d'une telle lecture tout en spécifiant une autre : « l'échelle, elle est multiple. Et finalement, on s'est dit que l'échelle la plus travaillable, la plus facile à travailler, c'est celle des quartiers » (A1). En effet, le moyen stratégique suivi pour intervenir plus directement sur l'espace urbain priorise l'échelle du quartier. Bien sûr, nous le répétons, le traitement de cette échelle n'est pas exclusif et elle s'emboîte parmi celles qui permettent de lire la ville à différents degrés. L'emphase est, néanmoins, prononcée. Le même répondant la justifie :

> L'échelle qui est privilégiée est vraiment celle des quartiers montréalais. Mais

avec toujours une vision des autres paliers, des autres échelles, une vision intégrée, globale, qui voit très bien que ça se passe pas juste au niveau des quartiers mais que souvent les décisions sont prises à un palier de décisions supérieur, soit la Ville-centre ou la [Communauté métropolitaine de Montréal] ou la province de Québec ou le Canada (A1).

Nous le constatons très bien, intervenir sur l'espace public matériel du quartier présuppose des moyens stratégiques relationnels efficaces dans l'espace public « communicationnel ». Ainsi, ce choix stratégique renvoie à l'histoire du CEUM, c'est-à-dire au moment où la SODECM, « engendrée » du « quartier Milton-Parc », entretient des relations étroites auprès des citoyens de ce lieu. Il n'est pas anodin que les premières activités se soient référées au quartier et à sa population et que le premier projet (Imagine Milton-Parc) visant à intervenir sur le devenir urbain s'y soit également déroulé. Cela reste même logique si nous mettons en perspective la vision du principal co-fondateur. Lorsque vient le temps de représenter une échelle pour l'action, ce dernier privilégie une réflexion qui a comme point d'ancrage l'échelle du quartier : « Pour moi, c'est pour ça que je commence toujours par le quartier, cet espace, cet espace territorial, sociologique et politique, cet espace là » (F2). Pour lui, le palier municipal et donc l'échelle territoriale de la ville sont d'un point de vue politique instable, à cause notamment du rôle éphémère des élus dans la vie politique municipale. Alors, rapportée à la question du développement urbain, l'échelle du quartier possède un avantage sur celle, plus abstraite, de la ville :

Il faut humaniser l'action spatiale, politique, etc., parce que c'est enraciné comme ça. Je crois profondément dans cette approche là. C'est pour ça qu'on a réalisé avec les faibles forces qu'on avait, parce qu'il ne faut pas exagérer notre force et notre influence. On a influencé la morphologie socioéconomique de la ville en construisant des projets comme Milton Parc, comme Benny Farm, et d'autres espaces. (F2)

Ces gains soulignent la perspective d'un développement urbain de la part du CEUM dont les pratiques reflètent une territorialité ancrée au quartier. En poussant l'analyse, nous pourrions dire que, ainsi, il n'y a pas de territorialité en lien avec la ville. Cette dynamique suggère l'idée que le développement de tel ou tel quartier ne fait pas la ville, ou, du moins, ne la résume pas. Depuis, à une période qui voit les projets du CEUM s'émanciper du quartier historique, cette stratégie spatiale préfigure toujours.

La pérennité de cette stratégie repose sur les possibilités offertes par les principes du développement durable telles qu'identifiées par l'organisation, ce qui met en valeur sa vision du développement urbain. Pour une répondante, l'échelle du quartier est un moyen stratégique propice au développement durable pour les raisons suivantes :

> [L]e développement durable implique la participation. La ville est trop grande, c'est pour ça que c'est la bonne échelle. Aussi le fait que dans ton quartier, tu peux agir [sur] quelque chose et tu le vois d'une façon très visible, qui t'inspire à continuer. Donc c'est ça, si tu peux faire réaménager quelque chose, si tu peux voir ton argent du budget d'arrondissement qui peut aller devant toi, je crois que c'est très inspirant. C'est une échelle plus humaine (A4).

Effectivement, l'échelle du quartier soulève le point de la mobilisation des citoyens, ces derniers se reconnaissant à travers cette entité spatiale. De par la proximité socio-spatiale qu'elle sous-tend, l'échelle du quartier permet de jouer sur la cohésion d'une communauté « d'intérêt » — pour reprendre le terme de Wirth (1938). Pour une répondante, ce moyen stratégique, propice au développement durable du quartier, reflète une logique « *bottom up* » :

> A priori, on pourrait penser [que l'échelle du quartier] ne l'est pas parce que ça se passe ailleurs. Mais dans les faits, c'est la mobilisation citoyenne qui va faire que [les choses] change[nt], ce n'est pas la pyramide inversée. Alors c'est une approche qui prend peut-être plus de temps, mais qui a mon avis est plus porteuse parce que ce sont les citoyens eux-mêmes et non pas des organisations qui vont revendiquer les choses ultimement (A3).

Dans une logique appropriée du développement durable, l'échelle du quartier reflète l'idée d'une responsabilisation du citoyen car elle caractérise la « réalité » de toute situation qui s'y rapporte. Ainsi le rapport au réel se trouve renforcé : dès que le moment d'agir est venu, une capacité à définir l'accessible et le concret doit primer, au point de donner le sentiment d'un contrôle de l'environnement proche.

> Quand on interroge les individus, c'est sûr qu'en banlieue c'est différent, mais les gens ont un rapport avec le lieu où ils sont. Ce qui fait que pour amener les gens à s'intéresser à la chose municipale, il faut que ça passe par ça, par le rapport que les gens ont avec leur milieu de vie. Donc là on parle du quartier. Les autres niveaux deviennent un peu virtuels pour les gens. Les gens n'ont pas l'impression que ce qui se passe à l'Assemblée générale à Québec soit réel (T3).

Cette référence à une expérience décalée, d'une « virtualisation » des autres échelles, met en lumière la volonté du CEUM de renouveler les codes de la participation des citoyens à la vie de la « Cité » en les incitant à investir l'espace public « communicationnel » et « circulationnel », c'est-à-dire que ces derniers aient leur mot à dire sur le devenir de leur cadre de vie. Bien évidemment, la référence faite au quartier n'est qu'une figure des quartiers. En aucun cas la notion ne doit faire office de « réalité », d'ailleurs nul ne s'entend pour définir ce qu'est un quartier. Aussi, nous émettons l'hypothèse que planifier ou faire la promotion de cette stratégie spatiale risque de voir apparaître une mise en relation déterministe d'un lieu générique (le quartier) et d'une configuration sociale homogène (la « communauté » de ce quartier).

En conséquence, nous avons tenté de mettre en lumière, par la déconstruction de l'action du CEUM en un ensemble de moyens stratégiques, comment le CEUM se représente la matérialisation de sa mission en pratiques. Ces stratégies prennent une dimension particulière car maintenant arrogées des principes appropriés du développement durable. À travers les stratégies de transfert de connaissance, relationnelles et spatiales, des pratiques en provenance d'autres contextes urbains sont promues, des situations sociales sont mises en branle et une échelle réceptrice d'un agencement socio-spatial où le changement peut se produire est revendiqué. Ces stratégies orientent un cadre opératoire pour le développement urbain qui sied au CEUM. Chaque sphère à laquelle les stratégies sont affiliées peut être traitée séparément, mais à un moment obligé, pour que l'action soit, les trois seront en interaction les unes avec les autres.

4.3.2.2 Un moyen stratégique prépondérant

Pour plusieurs des répondants, l'activité qui traduit avec la plus grande cohérence cette mise en œuvre des pratiques est celle menée par le Laboratoire Vert (LV). Un répondant le signale en ces termes : « je pense que cette vision là a été appliquée dans le Laboratoire » (B2). Les réflexions entamées dans le cadre du LV éclairent même, pour un autre répondant, le point de départ d'une nouvelle façon d'exercer certaines pratiques que va canaliser le projet QVAS : « Et là maintenant, depuis peut-être le Laboratoire développement durable, on va vraiment sur le terrain » (T3).

Comme nous l'avons vu auparavant, le LV a pour mission première de faire du quartier Milton-Parc une vitrine de pratiques expérimentales du champ de l'aménagement urbain relevant des principes du développement durable. Des

120

pratiques environnementales sont expérimentées selon des approches sectorielles et une mise en œuvre sociale par le biais de la participation en amont des citoyens dans l'identification des problèmes liés au cadre de vie. Dans la mesure où nous mettons l'emphase sur la mise en œuvre du développement urbain durable, ce qu'il faut souligner de cette pratique est le caractère de son processus. En effet, la production du Plan de développement durable pour le quartier Milton-Parc a mis en lumière toute une série de mesures visant à appliquer des solutions de type durabiliste qui répondent à une demande sociale locale directement exprimée lors de la mobilisation des citoyens du quartier. Ils veulent participer à l'énoncé des problèmes et apporter des pistes de solutions. Une répondante insiste sur cet aspect du LV :

> C'est peut-être l'exemple le plus concret jusqu'à maintenant d'un projet qui fait ce que je viens de dire. C'est vraiment l'idée d'expérimenter quelque chose au niveau du quartier puis d'essayer de voir, de vraiment bien intégrer l'aspect participation, puis d'essayer d'intégrer des outils (A4).

Finalement, lorsque nous regardons les activités qui concernent de prime abord les principes du développement urbain durable ou, du moins, qui visent à intervenir sur l'environnement urbain, la dimension de la participation des citoyens, c'est-à-dire leur mobilisation autour d'un enjeu urbanistique, prend une place prépondérante dans le processus. Cette dynamique semble maintenant mieux définie dans le cadre du projet QVAS. Par conséquent, l'importance accordée à ces activités matérialise la direction prise par le CEUM de travailler les thématiques de l'écologie et de la démocratie sous une formule proche de celle travaillée par le LV. Une lecture de la participation des citoyens est développée dans le cadre d'une mise en pratique d'un projet de développement urbain durable. Elle révèle l'influence dominante de cette stratégie de mobilisation au dépend d'autres.

4.4 Les enjeux de la démocratie urbaine et du rôle des citoyens

> Face à la disparition de l'unité territoriale comme base de la solidarité sociale, on crée des unités d'intérêts (Wirth, 1938 : 275).

La question de la participation et du rôle du citoyen est l'autre grande question mise de l'avant par le CEUM. Nous avons longuement détaillé la construction d'une référence au développement durable par dessus une vision du développement urbain. Les pratiques qui en découlent, de vocations écologique/environnementale, sont marquantes si nous soulignons la particularité de leur processus. Dans cette situation, les citoyens auraient un rôle prépondérant dans l'action du CEUM. Qu'en est-il des représentations du rôle des citoyens et la façon dont elles constituent un processus itératif de mobilisation des citoyens ?

4.4.1 Participation ou mobilisation : la place des citoyens

À l'origine, la SODECM avait développé son centre communautaire (CEU) pour répondre aux défis de l'éducation citoyenne sur les enjeux urbains montréalais. Même si le CEUM s'est peu à peu détourné de sa vocation communautaire initiale, la place donnée aux citoyens aussi bien dans le discours que dans les pratiques du CEUM constitue la trame de fond de son action ; comme le rappelle un répondant : « le fait de prendre le nom de Centre d'écologie urbaine [de Montréal], l'aspect communautaire est moins présent. Moi je trouve que l'aspect démocratie/participation reste au centre, que c'est intégré dans tous les projets » (A1). À cet égard, nous avons souligné des éléments de sa stratégie de mobilisation à travers différents exercices de participation expérimentés durant certains projets. Aussi, avons-nous peu parlé des activités traitant de questions de démocratie, telles que les SC ou encore le BP, et de la manière dont l'organisation fait référence aux citoyens.

Les SC constituent maintenant les seuls évènements ponctuels de type politique. Ils sont impulsés par le GTDMC, étant lui-même issu d'un SC, où les organisations et les citoyens interpelés sont invités à aborder les enjeux politiques montréalais avec l'ambition d'influencer la culture politique locale. Les SC accordent une place privilégiée à la mobilisation des citoyens et misent sur une coalition de partenaires réunissant plusieurs acteurs de la société civile en faveur d'un mouvement urbain montréalais. Or, lorsque la plupart des répondants parlent de participation citoyenne au CEUM, ils mentionnent la stratégie de mobilisation ayant cours dans le processus d'élaboration de projets, tel que l'a introduit le LV et qui a été repris dans le projet QVAS.

Aborder, dans la littérature, la question du développement durable comme une manière de reformuler la pratique de la démocratie, est une tendance qui se développe : « C'est même une forme d'équation qui tend presque à être posée entre « développement durable » et démocratie, avec une relation de dépendance entre les deux termes » (Rumpala, 2008 : 2). Cette dernière importe d'autant plus que l'« impératif » de la participation, dans ses différentes modalités (consultative, délibérative, informative, etc.), se propage, à différents degrés, dans l'ensemble des politiques publiques au niveau municipal (Bacqué et *al.*, 2005 ; Talpin, 2008).

Quand il y a donc débat au sein du CEUM sur la participation citoyenne, une répondante, qui faisait partie du GTDMC, argumente que : « cela ne correspond pas à une réalité de participation que plutôt un discours sur l'importance de l'engagement [:] un impératif de la participation » (B1). En même temps, pour cette même répondante, le terme est consensuel et « cela affiche une couleur au discours, donc en même temps il y a un côté un peu performatif » (B1). Le recours à une telle notion n'est pas neutre. Ainsi, il est primordial de distinguer l'emploi de cette notion en fonction du type d'action : entre les politiques publiques et le cadre institutionnel d'un bord, et les acteurs de la société civile et l'action collective de l'autre. La même répondante situe la position du CEUM à ce sujet :

> [A]u Centre, c'est l'idée d'encourager les gens à s'intéresser aux affaires urbaines et municipales, il y a un aspect mobilisation. Et quand on se retourne vers la Ville, c'est dire que la Ville doit s'ouvrir davantage donc mettre en place des moyens de participation, et on est plus dans la démocratie participative (B1).

La dynamique mise de l'avant consiste à accorder une importance moindre à la notion de participation, tout en tenant compte de sa performativité, pour orienter le regard vers le moyen d'action, à savoir l'action collective, à travers l'acte de mobilisation. Par ce dernier, on vise une transformation institutionnelle vers une démocratie participative. Mais, le terme de participation revient le plus souvent de la part des répondants en référence à l'acte de mobilisation, dans l'idée de décrire *a posteriori* une situation.

Dans un registre précis, lors de l'expérimentation du BP, le CEUM a fait valoir une certaine définition de la démocratie participative auprès des élus, à savoir, comme nous l'a dit un répondant, que : « c'est vraiment que les citoyens aient une place dans le processus de définition des priorités pour les dépenses publiques. C'est très appliqué comme définition de démocratie participative, mais c'est quand même ça » (T3). Tandis que les retombées mises en exergue par le CEUM lorsqu'il emploie le terme de participation auprès des citoyens sont d'ordre éthique : « c'est vraiment de leur demander de changer la perception de leur rôle » (T3).

4.4.2 Les citoyens acteurs du devenir urbain

Le CEUM envisage alors le rôle des citoyens en contrepoint des définitions institutionnelles de la participation. L'organisation se veut un catalyseur des forces citoyennes en présence. Un répondant définit le rôle de l'organisation dans cette relation avec les citoyens : « Comment être à l'écoute des citoyens ? Il n'y a pas de mécanismes formels. On pense, étant acteur urbain, que nos vies [que nous menons] nous amènent à être à l'écoute des citoyens » (A2). Le répondant met lui-même en garde le CEUM qui n'apporte pas non plus toutes les réponses et n'ose prétendre avoir toutes les solutions aux enjeux du développement urbain. Les citoyens sont donc invités à prendre part à l'identification de certains enjeux prédéfinis, qui concernent plus ou moins directement leur espace vécu, en négociant de nouvelles circonstances qui favorisent leur présence et la force de leur parole. La redéfinition du processus place les citoyens véritablement en amont, de sorte qu'ils travaillent à partir des soubassements du projet, *a contrario* d'une étape intermédiaire qui viserait à recueillir leurs impressions une fois le cadre du projet construit. Un répondant le souligne de la manière suivante :

> Pour nous on n'est pas dans une logique de participation citoyenne sondage, de consultation [...]. On est dans une logique de participation à la prise de décisions. C'est-à-dire que les citoyens soient partie prenante de toutes les étapes d'un processus y compris dans le processus de prise de décisions. Et ça c'est un changement de paradigme parce que ça ne marche jamais comme ça (T2).

Ainsi, la participation signifie le cadre qui permet aux citoyens, d'abord, d'exprimer leurs préoccupations et, ensuite, de mettre en scène leur revendications. À ce propos, au-delà de la motivation individuelle et des défis inhérents à leur mobilisation, la participation prend différents sens pour chacun — sur lesquels il serait intéressant de se pencher. Dans tous les cas, les citoyens s'investissent à plusieurs niveaux : personnellement (quant-à-soi) et collectivement (intérêts communs). Les propos d'un répondant soulèvent ce point :

> [La participation] cherche toujours l'amélioration des conditions de vie, d'abord de soi. C'est souvent ce qui mobilise les gens en premier... Puis finalement on découvre que c'est intéressant d'aller plus loin ou dans faire plus. La participation citoyenne vise à permettre aux gens de se réapproprier les lieux de décisions, de se réapproprier les façons de faire, puis de mettre de l'avant des solutions qui vont convenir le mieux à leurs besoins finalement

(A3).

En effet, la participation représente un levier pour l'amélioration des conditions de vie, *via* l'appropriation par les citoyens de leur cadre de vie, c'est-à-dire, selon le moyen stratégique d'intervention du CEUM, de leur quartier. Si l'occasion se présente, ou s'il est nécessaire, les revendications à cet égard s'étendront aux lieux institutionnels de décision. Ainsi envisagée, la participation complète le rôle de citoyen. Qui plus est, les citoyens possèdent une connaissance intime de leur cadre de vie. Celle-ci est révélatrice d'un « savoir habiter » qui devient une ressource pour l'organisation. Une répondante met en lumière, en revenant sur le processus de participation exercé par le LV, un des enjeux recherchés par ce moyen stratégique :

> Je dirais c'est la connaissance du territoire. Puis c'est un projet qui s'est fait parce que il y avait déjà une pré-volonté, un esprit citoyen de quartier. Il y a déjà eu du militantisme qui s'est fait à plusieurs reprises, donc les gens savent s'entraider et se sont déjà parlés. Donc c'est le plus du quartier, [par rapport à] un autre quartier [où] les gens ne se parlent pas, ne se connaissent pas (B2).

Cet argument met en valeur une composante du « savoir citoyen ». Par ailleurs, celle-ci pourrait s'évaluer selon le degré de récurrence des actions collectives sur un territoire. Mais le savoir habitant, pour en faire une lecture géographique, peut aussi bien signifier le vécu des habitants en tenant compte de leurs trajectoires, de leurs habitudes spatiales, de leurs représentations matérielles et idéelles du quartier, de la définition que chacun donne du génie du lieu, etc. Choses que les citoyens mettent de l'avant lors de phases de participations lancées par le CEUM dans le cadre de ses projets LV et QVAS. En somme, cette requête révèle l'importance du territoire, d'une territorialité déjà-là que le CEUM invoque de prime abord, prétextant le renforcement du pouvoir des citoyens, révélateur de leur capital social.

Avec une utilisation spécifique de la dimension de la participation, le CEUM poursuit l'idée d'un changement autour d'un projet de ville. Ce changement est programmé lors des derniers SC avec la référence à la notion « le droit à la ville » — appropriée de l'ouvrage de Lefebvre (2009). Cette notion caractérisée ici sous la forme d'un « agenda citoyen » traduit les prises de positions politiques des participants aux SC dans le but d'interpeler les élus et les élites. Elles illustrent des représentations du développement urbain respectueux des préoccupations d'ensemble des citoyens.

4.5 Une façon de penser et de faire : la production durable du quartier

À travers l'analyse des données, nous observons une évolution des représentations du développement urbain. Bien qu'une approche basée sur l'écologie sociale reste en filigrane de l'action du CEUM, l'organisation privilégie dorénavant un mode d'intervention qui emprunte les principes du développement durable. Ce mode d'intervention met de l'avant différentes stratégies, de transfert de connaissances, spatiales et relationnelles, qui se croisent avec la perspective de produire de l'espace urbain. Cette perspective, soumise à son système de valeurs, sous-tend une vision du modèle contemporain de ville : « Le CEUM croit au développement urbain durable à l'échelle des quartiers, réalisé pour et par les citoyenNEs qui vivent dans ces quartiers » (CEUM, 2008 : 2). À travers cette phrase s'imprime l'idée d'une convergence des manières de faire et de penser au bénéfice d'une méthode qui caractérise l'action présente de l'organisation. Elle est même, avançons-nous, sensible à une formulation de type « développement urbain durable / participation citoyenne ». En effet, aujourd'hui, le CEUM concentre principalement ses efforts sur un type de projet où il tente de mettre en œuvre l'ensemble de son expertise : le projet QVAS. De plus, autour de celui-ci gravitent des conférences, l'organisation de journées de travail, des sommets traitant des thématiques de l'aménagement urbain durable, de la mobilité durable, de la ville durable, etc. Cela montre l'importance accordée à ce projet et les orientations *a priori* qui y sont véhiculées. Néanmoins, par épisodes interposés, les SC sont toujours organisés pour finalement n'être qu'une des rares activités toujours produites sur le plan politique. Il reste à voir si d'autres SC auront lieu.

4.5.1 Une capitalisation des représentations

De par son expérience, que met en lumière son histoire et son cheminement dans le contexte montréalais et l'expertise qu'il a développée au cours de ses projets, les représentations du développement urbain du CEUM se sont transformées mais sur le mode d'une succession. Cette dernière sous-tend les changements à l'interne de l'organisation : changement de générations, arrivée et départ de personnels, d'administrateurs, etc. Par extension, cette succession fait état d'une évolution générale, dans la société, des systèmes de valeurs, des discours dominants, des préoccupations des citoyens, des élus, etc. Ce n'est pas par hasard, d'ailleurs, que la prégnance des paradigmes du développement durable et de la démocratie se font valoir dans le discours des politiques publiques et atteignent les sujets de préoccupation chez les citoyens.

Pour un répondant, les préoccupations actuelles des citoyens correspondent à une certaine idée autour de la qualité de vie en ville : « Aujourd'hui, ce qui touche le plus au quotidien, ce sont le verdissement, le transport et la vie active par rapport à la santé » (A2). Les projets comme QVAS et celui mené par le LV trouveraient une oreille plus sensible chez les citoyens. À un autre moment de l'histoire du CEUM, les questions du droit au logement ou de la décentralisation des pouvoirs publics auraient pu être considérées parmi les priorités. Alors quelle est l'origine de cette définition actuelle de l'écologie urbaine ? D'où viennent ces références au verdissement, au transport actif ou à la santé ? Traduisent-elles la compréhension qu'a la génération de la « relève » de l'écologie urbaine ? Les répondants évoquent l'amélioration des conditions de vie sans même se référer aux inégalités sociales. Par exemple, le thème du droit au logement que défendait la première génération découle de luttes contre la pauvreté dans la ville, telles qu'elles ont pu se dérouler par le passé dans Milton-Parc.

Mais la lecture des enjeux urbains évolue, et certains font l'objet de plus d'attention que d'autres. D'où l'importance de confronter le système de valeurs d'un acteur, qui plus est lorsque ce dernier vit un changement générationnel. En conséquence, nous pouvons parler plus exactement, concernant les représentations de l'espace urbain de la part du CEUM, de capitalisation des représentations.

4.5.2 Des actes territorialisants

La capitalisation des représentations ne s'effectue pas seulement en fonction du changement des générations. Une telle capitalisation est également couplée à des formules et des discours sur le développement urbain en provenance d'autres acteurs d'autres contextes culturels ; d'autant plus que, pour paraphraser Lévy (1999), l'acteur est dans le système et le système dans l'acteur. Elle témoigne de la construction de nouvelles représentations. Celles-ci s'affranchissent plus aisément du contexte local et mettent en valeur de nouvelles images du quartier et d'idées sur la production de la ville. Par exemple, pour une première fois avec le projet QVAS, le CEUM travaille dans des quartiers autres que celui dont il est issu. Rappelons, tout de même, que l'objectif de ce projet se limite, de la part de l'organisation, à proposer des pistes d'action qui seront reprises par les acteurs locaux du développement urbain en collaboration avec les citoyens. Elle tente néanmoins d'impliquer les citoyens *via* les organisations communautaires locales de ces quartiers. Ainsi, elle privilégie les relations tant auprès des autres acteurs de la société civile que des élus locaux sur le mode du partenariat. L'idée, à travers l'objectivation et la polarisation des forces sociales de la communauté qui résultent de sa façon de faire, est de produire cette force citoyenne et de la voir se reproduire en différents lieux de la ville. Cette force ne se réalise pas sans rapports de pouvoir, il s'agit pour l'organisation de trouver les moyens et les ressources pour les activer. En ce sens, cette stratégie fait advenir son action.

En concentrant alors sa stratégie d'intervention sur le quartier, c'est une idée de territoire qui se trouve « décontextualisée » de sa référence initial, c'est-à-dire du « quartier Milton-Parc ». Cette dernière image (le « quartier Milton-Parc ») fait plus implicitement référence au groupe de citoyens qui s'est organisé et s'est doté d'outils, comme les coopératives d'habitations, pour former la « communauté » du quartier Milton-Parc. La figure du quartier, pour le CEUM, est identifiable et potentiellement identificatoire et combine des références de mixité sociale et de proximité spatiale tout autant que des références écologiques liées à la qualité du cadre de vie. Cette idée cherche à illustrer un lieu où se définit le bien vivre pour les citoyens en même temps qu'un socle sur lequel serait mis en valeur leur urbanité. Mais en la projetant en d'autres lieux, sans que ne soit forcément pris en compte l'historique du quartier, l'intervention à laquelle s'adonne le CEUM dans le cadre du programme QVAS détermine à partir de son expérience les conditions du processus d'apprentissage des citoyens pour s'approprier leur cadre de vie. Conditions qui auraient pu être tout autre ; « laisser du temps au temps » dit l'expression de Cervantès. Ce schéma d'action court-circuite l'exercice d'appropriation du territoire local par les citoyens et les organisations communautaires locales et dont la maturation révèlerait potentiellement la réussite, ou l'échec. C'est-à-dire que la figure du quartier telle que conceptualisée par le CEUM lorsqu'il réalise ses pratiques, donc à la lumière de ses ressources et des impératifs que lui impose ce programme d'action, fait abstraction de toute la dimension temporelle qui voit la sédimentation des forces sociales locales menant ou pas à l'agrégation d'un groupe de citoyens en, si nous nous référons à l'exemple de Milton-Parc, une « communauté ». De plus, la référence à des caractéristiques hybrides du développement durable de la part du CEUM mobilise des ressources extérieures qui ne sont pas directement ancrées au contexte et à l'échelle de leur application, bien qu'ils s'agissent d'outils qui ont pu faire leur preuve ailleurs. En somme, nous pouvons souligner une tension entre la construction progressive de son projet mis en place par le LV dans le « quartier Milton-Parc » d'où le CEUM est issu, et auquel il est identifié, et le modèle de « solidification sociale » d'un quartier qu'il tente de reproduire dans des secteurs de la ville. Cette tension serait du registre de la dimension temporelle que véhicule le projet, c'est-à-dire qu'elle peut être la source de confrontations de temporalités vis-à-vis d'un territoire, entre le CEUM qui cherche à réaliser son projet et les populations, groupes communautaires et élus concernés qui doivent assimiler son action.

En bref, cet argumentaire vise à éclairer la production de l'action du CEUM telle qu'il la pratique aujourd'hui. À travers de telles représentations du développement urbain qui bornent les intentions, de tels actes (discours, pratiques) qui territorialisent, le territoire souhaité est mis en exergue.

4.5.3 Et la ville dans tout ça ?

Rappelons que nous avons démontré, dans notre cadre théorique, que le territoire est envisagé comme stabilisation de l'action. Depuis la création du CEUM, l'échelle du quartier est privilégiée, en référence implicite à Milton-Parc. Aujourd'hui, plus concrètement, il y a une réelle volonté, déjà là à l'origine bien sûr, d'étendre le schéma d'action à l'échelle de la ville en reproduisant ce schéma dans d'autres quartiers même si le travail se traduit par une action employée dans une collection de quartiers. Le slogan « Changer la ville, un quartier à la fois » nous rappelle le but recherché, auquel il faut souligner la filiation politique avec le mouvement altermondialiste (« Changer le monde, un geste à la fois »).

Dans le cadre du projet QVAS, la reproduction de l'image du quartier correspond au moyen stratégique actuel qui constitue la composante territoriale de son « projet urbain ». L'importance accordée aux rôles des citoyens sous-tend que ces derniers investissent, par des pratiques démocratiques, leur cadre de vie et ce, dans la perspective que la responsabilisation des citoyens et l'appropriation de leur territoire constituent un point de départ pour être en relation avec les élus locaux, sous l'angle des rapports de force. Les moyens pour y parvenir s'inscrivent *via* la mainmise de segments d'espace public, avec la question de l'aménagement du territoire dans une perspective écologique comme levier (c'est-à-dire en mettant de l'avant un travail d'harmonisation de l'espace urbain). Cela confirme que la stratégie territoriale du CEUM est d'ordre processuel, sur un mode de (re)production urbaine. Elle est puisée dans l'expérience des pratiques passées, assumée par la territorialité forte au « quartier Milton-Parc », et maintenant recoupée par un idéal du territoire issu des discours sur la ville durable.

Par ailleurs, la thématique sanitaire, spécifique au projet QVAS, justifiant ces pratiques n'est pas sans rappeler les théories hygiénistes en urbanisme. Dans le cadre d'une écologie urbaine, des relations sont nouées entre cadre de vie, sur lequel agir, et « nouvelles pratiques spatiales », comme moyen de revendiquer un rapport identificatoire à celui-ci. C'est dans cette perspective que le CEUM vante, par exemple, les mérites du transport actif : les questions sanitaires sont très étroitement liées à l'organisation du cadre urbain. La convergence des préoccupations écologiques et démocratiques, nourries par les revendications des citoyens, alimenterait cette manière de penser le devenir urbain et de le mettre en œuvre.

À cet égard, et pour conclure ce chapitre, décomposer le discours du CEUM en deux types peut aider à cerner son action dans son ensemble et les objectifs qu'il poursuit. Le premier fait état d'un discours perspectif : une action au niveau du quartier à laquelle sont appliquées des mesures réfléchies, travaillées, assimilées, influencées, qui rendent compte de l'interface entre le quartier modèle (objectif) et expérimenté (subjectif) et qui soulèvent la question de la programmation d'un modèle. Le deuxième concerne un discours prospectif : une action dont le caractère utopique (« pour une ville écologique et démocratique ») nourrit l'imaginaire de tous les citadins, qu'ils soient citoyens, fonctionnaire, élus, etc., et ce, afin qu'ils ne manquent pas d'imagination au moment où chacun envisage le devenir de leur ville, quelque soit l'échelle. Un tel jeu de discours déstabilise le rapport au territoire.

CONCLUSION

L'action du CEUM, construit au fil du temps à partir de son territoire d'origine, le quartier Milton-Parc, et en fonction d'un territoire visé, l'espace urbain montréalais, véritables incubateurs de ses représentations socio-spatiales et lieux d'expression par ses pratiques, prend la forme d'un projet urbain. Son approche, puisée de l'écologie sociale, et les moyens stratégiques qui s'y réfèrent, empruntés de ses sphères culturelle, relationnelle et scalaire, stimulent son mode d'intervention. Celui-ci propose un cadre pour l'action, où se font échos des éléments du développement durable et de la démocratie urbaine et du rôle des citoyens en matière d'aménagement urbain, afin de répondre aux défis du développement urbain montréalais.

Construisant son action à la lumière des problèmes écologiques et démocratiques qui découlent d'espaces urbains en crises, nous observons la volonté du CEUM de considérer d'un seul tenant ces enjeux. Ce qui aboutie à une approche les conjuguant. C'est-à-dire que la lecture qu'il en fait, puisée de l'écologie sociale, le pousse à traiter de manière intrinsèque les enjeux liés à la qualité de vie des citoyens dans leur ensemble en ce qui concerne leur cadre de vie tout autant que leur capacité à participer à la vie publique de la « cité ». S'appuyant sur le « capital urbain » des citoyens, le CEUM mise sur un ensemble de valeurs (justice sociale, *empowerment*, décentralisation, etc.) afin de stimuler le potentiel d'urbanité chez eux et de légitimer, de fait, une action où ces derniers sont la clé de sa vision du développement urbain vers laquelle il tend. Plus exactement, l'organisation voit en l'éducation des citoyens sur les enjeux écologiques et démocratiques le moyen par lequel traduire sa vision en actes. Cette tendance constitue depuis l'origine du CEUM le *leitmotiv* de son action. Avec la génération de la « relève », qui a retravaillé sa mission afin de médiatiser son action et, par extension, de rendre son discours plus performant, cette tendance fait désormais office d'une instrumentalisation dans la façon générale que l'organisation a de résoudre les enjeux urbains montréalais. Ainsi, lorsque nous soutenons l'hypothèse selon laquelle elle conduit ses principaux projets sous la forme d'un

« développement urbain durable/participation citoyenne », nous y voyons un des angles par lesquels se construit le projet, foncièrement urbain, du CEUM. Son appropriation du développement durable facilite la mise en œuvre de la mission en fonction de l'interrelation des thématiques de l'écologie et de la démocratie. Sous cet aspect, l'interrelation devient difficilement dissociable car ces deux thèmes s'inscrivent dans deux des trois pôles (environnemental et social) dudit développement durable. Nous observons alors que l'appropriation des principes du développement durable stimule la conception plus traditionnelle faite de l'écologie sociale, c'est-à-dire à une période où le CEUM (la SODECM) organisait distinctement son action entre écologie et démocratie. Rappelons néanmoins que si la distinction existait, c'est parce qu'il est primordial, pour les principaux co-fondateurs, de transformer en priorité les institutions pour régler le problème écologique. Ce qui signifie, au final, que les façons contemporaines de penser le développement urbain et les expérimentations et initiatives qui en découlent ne visent pas les mêmes objectifs — nous y reviendrons.

De façon générale, le projet urbain du CEUM caractérise cette ambition de faire participer les citoyens aux enjeux urbains concernant le devenir, ou plus exactement l'aménagement de leur espace de vie. Dans une ville avec une culture participative comme Montréal (Gauthier et *al.*, 2008), une telle action à cet égard renforce l'arrimage au mouvement urbain montréalais et, dès lors, consolide ses possibilités d'agir sur l'ensemble du territoire urbain montréalais. Cette lecture fait écho aux travaux de Bacqué et Fijalkow : scrutant les mécanismes locaux de production urbaine dans un quartier d'une métropole américaine, les deux auteurs soulignent l'importance des organisations communautaires locales dans la mise en œuvre d'une « démarche de projet urbain à l'échelle du quartier, car la proximité rend les enjeux très concrets pour les habitants et les usagers de l'espace urbain » (2008 : 272). De cette position s'instruit la logique que nous mettions en lumière précédemment (dans le cas du CEUM). Ainsi, il se démarque dans sa manière qu'il a d'appréhender les enjeux urbains en voulant voir les citoyens s'approprier leur espace de vie, revendiquer eux aussi un « droit à la ville ». Ce qui a pour conséquence, et nous validons notre hypothèse de recherche, que le CEUM met de l'avant un projet urbain renouvelé.

Mettre de l'avant un projet urbain renouvelé indique un parti pris en ce qui concerne le développement urbain montréalais, celui de voir les citoyens s'approprier la ville. Pour ce faire, le CEUM intervient tout aussi bien à un niveau matériel (en s'appropriant les outils du développement urbain durable) que politique (en revendiquant la participation des citoyens à des questions de politiques urbaines). Les tentatives de la part du CEUM de « réformer » le développement urbain montréalais en accordant une place privilégiée aux citoyens confirment son rôle comme acteur alternatif du devenir urbain montréalais. Cette façon de faire sert maintenant de levier au CEUM pour la production de ses pratiques. Nous soulevions le point de la programmation de l'action du CEUM à travers son discours perspectif et il se révèle à travers cette projection comme une façon de faire exemplaire. Des forces partenaires sont réunies, un enjeu commun est traité, des mythes et un imaginaire sont évoqués. Mais jusqu'à quel point se définit sa dimension politique ?

Bien entendu, qualifier l'action du CEUM par une formule « porteur d'un projet urbain renouvelé » peut paraître limité. Surtout si nous considérons que le volet démocratie urbaine s'est affaibli. L'évacuation récente de la dimension politique (surtout à la suite de la dissolution du GTDMC), en parallèle d'un essor du caractère projectuel des activités qui touche à la question de l'environnement urbain, témoigne d'un affaiblissement de la vision d'ensemble du développement urbain du CEUM. Il serait réduit à être spécialiste d'une façon de faire, à savoir le développement d'approches démocratiques de type participatif pour un développement urbain durable qu'il tente de concrétiser principalement à l'échelle du quartier. Toutefois, le discours prospectif assure que cette conception du développement urbain ne fait pas l'économie d'une façon de penser le caractère total de la ville, d'une urbanité mêlant politique, culture, nature, société, quartier, métropole, global, etc.

Sur la base de cette dynamique, l'analyse a révélé une évolution interne au CEUM, à la suite du changement de générations au sein l'organisation, de la façon d'appréhender, dans des perspectives matérielles et idéelles, le développement urbain montréalais. Si la fondation de la SODECM sous-tendait un projet politique, nous avons démontré qu'à travers les transformations vécues au sein de l'organisation, cette dimension tend à s'effacer au profit d'une approche répondant aux enjeux du développement durable. Tant et si bien que ces changements renseignent une capitalisation des représentations à partir de laquelle l'organisation produit de nouvelles pratiques. Cette démonstration confirme l'intérêt d'aborder une lecture « géohistorique » dans l'étude d'un acteur. Elle permet de relever la tension sur la manière d'aborder la mission du CEUM, et par extension les représentations du développement urbain, de la part de la génération des co-fondateurs et celle de la « relève », c'est-à-dire entre un renouvellement des manières de penser et de faire le développement urbain ou sa « réformation ».

Dans le cadre de cette recherche nous avons tenté de mettre à jour la rencontre des réflexions de l'écologie et de la démocratie dont une des conséquences révèle une orientation de type développement urbain durable et démocratie participative. Elle fait aussi état du complexe processus de construction d'un acteur, dans ses dimensions historique, territoriale, relationnelle, que l'analyse des représentations a percées. Il a aussi été question de la transformation des milieux urbains dans leurs dimensions urbanistique et politique : la concrétisation des pratiques sur le plan de l'espace physique confère une tendance de plus en plus en accord avec l'intégration des dimensions du développement durable. Il y aurait intérêt à approfondir l'analyse de l'incursion des thématiques du développement durable dans l'action d'un acteur de la société civile qui se revendique d'un mouvement urbain et comme facteur de la production urbaine ; ce que la présente recherche n'a fait qu'effleurer.

En effet, à propos de cette évolution des façons de faire et de penser le développement urbain, cette dynamique ne signifierait-elle pas qu'elle est aussi la conséquence d'une détermination plus générale, due notamment à l'idéologie du développement durable ? C'est ce que caractérise, de manière réductrice, le passage d'une génération, plus âgée et ayant vécu d'autres relations à d'autres idéologies en lien avec le développement urbain, à une autre, plus jeune et dont les références sont à un moment donné le reflet de l'idéologie du développement urbain durable. Ainsi, comment le discours sur le développement durable est-il réceptionné chez les acteurs du développement urbain ? Et comment génère-t-il de nouvelles représentations à cet égard ? Ce questionnement appelle une étude ultérieure détaillée à laquelle nous nous attèlerons lors d'une recherche dans le cadre d'un doctorat.

Il ne faut pas voir ici le constat d'une vision déterministe de notre part. Nous avons assez montré que le potentiel d'appropriation est révélateur d'innovations. Et que ces innovations mettent de l'avant une dynamique de la part de citoyens qui met, à son échelle, le monde en déséquilibre. Rappelons-nous, à l'instar de Bourdin (2009), que le déséquilibre est créateur.

ANNEXE A

Questionnaire donné aux répondants du CEUM

A. Le profil du répondant	
Votre nom ?	Votre rôle ? Depuis combien de temps ?
En quelques mots, qu'est que le CEUM pour vous ?	

B.Le CEUM
<u>Son histoire (rapidement, en quelques mots)</u>
b-1 : Quelle est la mission originelle du CEUM ?
b-2 : Comment le CEUM s'est-il établi dans le quartier ? Comment a-t-il été accueilli par (la population, les politiques, les autres organismes, le secteur privé) les autres acteurs des différentes échelles montréalaises (en général)?
<u>Aujourd'hui</u>
b-3 : Quelle est la mission actuelle du CEUM ?
b-4 : Quelles sont les valeurs véhiculées par le CEUM ?
b-5 : Qui sont vos principaux partenaires dans vos projets et vos démarches ?
b-6 : Quelles relations le CEUM entretient-il avec les autres organisations ?
Quelles relations entretient-il avec les autorités publiques ?
Et avec le secteur privé ?

b-7: Quelle définition le CEUM privilégie-t-il entre l'environnement, l'écologie et le développement durable ? Qu'est-ce que vous entendez par là ?
b-8 : Quelle est la vision que le CEUM a de la ville ?
b-9 : Quels moyens prenez-vous pour mettre de l'avant et concrétiser cette vision de la ville ?
b-10 : Quelle est sa stratégie pour mettre de l'avant cette vision auprès des citoyens ?
b-11 : Quelle est sa stratégie pour mettre de l'avant cette vision auprès des éluEs ?
b-12 : Quelle échelle privilégiez-vous pour établir cette stratégie ?
b-13 : Dans quelle mesure cette échelle est-elle appropriée pour le développement (durable) de la ville ?

Prenons l'exemple du Laboratoire Vert (pour un participant du Labo Vert)

Blv-1 : Quel est son rôle ? Son but ? Ses objectifs et moyens ?
Blv-2 : Quelles sont ses contributions passées, actuelles et futures?
Blv-3 : Comment s'élaborent les actions du Laboratoire Vert ?
Blv-4 : Pourquoi privilégier l'action à l'échelle du quartier Milton-Parc ?
Blv-5 : Quel est le degré de participation des résidants du quartier ? Comment les rejoignez-vous ? Quelle place ont-ils dans les actions ?

b-14 : Quelle définition donnez-vous de la participation citoyenne ? Quel cadre le CEUM lui prête-t-elle dans ses projets et ses démarches ?
b-15 : Comment s'organisent ces activités ?
b-16 : Quelle importance le CEUM accorde-t-il à la participation citoyenne ?
b-17 : Intégrez-vous les propositions des citoyens aux activités du CEUM et si oui, comment ?
b-18 : Le CEUM priorise-t-il certains groupes sociaux lors d'exercices de participation citoyenne ? En quoi cela-t-il une importance pour le Centre ?

Prenons l'exemple du Budget Participatif (pour un participant GTDMC)

Bd-1 : Quelle définition de la démocratie participative le CEUM a-t-il fait valoir auprès des instances publiques et des citoyens ?
Bd-2 : Quel est le rôle du CEUM dans le projet du BP de l'arrondissement du Plateau Mt-Royal ?
Bd-3 : Du point de vue du CEUM, quels sont les succès et les limites de cette expérience ?

b-19 : Est ce que cette démarche de démocratie participative a-t-elle influencé de nouvelles dynamiques citoyennes ? au sein du CEUM ? à l'extérieur ?
b-20 : Est ce que cela a-t-il marqué une prise de pouvoir du citoyen ?

bs-21 : Y-a-t-il des propositions écologiques citoyennes retenues par le CEUM lors des exercices de participation ?
bs-22 : Comment le CEUM articule-t-il les intérêts démocratiques et les enjeux écologiques de la ville dans son discours ? Et dans ses actions ?

b-23 : Le CEUM privilégie-t-il un média pour transmettre son message ?
b-24 : Comment le CEUM s'organise-t-il pour transmettre son message auprès des citoyens ? Auprès des autres acteurs publics et privés ?
b-25 : De quelles valeurs, de quelles idées s'imprègnent les membres du CEUM ?
b-26 : Quelle place le CEUM accorde-t-il à la charge symbolique dans son discours ? Quelle place accordez-vous… ?

b-27 : Pouvez-vous me nommer les différentes échelles d'actions du CEUM ?
b-28 : Quel rôle y joue-t-il sur ces échelles ?
b-29 : À laquelle accorde-t-il le plus d'importance ? Pourquoi ?

b-30 : Retrouve-t-on cette même importance dans le discours ?

bs-31 : Constatez-vous une évolution de la mission du CEUM depuis sa création ?
Comment cela s'est-il retranscrit dans le discours du CEUM?
bs-32 : Selon vous, quels sont ses succès et ses échecs jusqu'à aujourd'hui ?

Le futur
b-33 : Peut-on dire que la mission du CEUM s'apparente à une vision, un projet de vie ?
b-34 : Comment le CEUM se projette-t-il autour de l'idée d'une meilleure vie en ville? Quelles caractéristiques voit-il dominer ? Peut-on parler de ville idéale ?

ANNEXE B

Tableau des mémoires produits par le CEUM

Titre du mémoire	Date	Adressé à	Thèse
Sur le projet de modernisation de la rue Notre-Dame	Janvier 2002	Bureau des audiences publiques sur l'environnement (BAPE)	- Réaménagement de la rue Notre-Dame dans le respect des principes du développement durable ; - Réduction du trafic des marchandises par camionnage et de la circulation motorisée de façon générale ; - Projet initial qui ne considère pas les préoccupations des résidants du quartier
Le document complémentaire au plan d'urbanisme de Montréal	Juin 2003	Office de consultation publique de Montréal	- État d'un manque d'une vision d'ensemble de la part de la Ville de Montréal concernant l'idée d'une révision du plan d'urbanisme ; - Critique d'un manque de définition des caractéristiques du paysage urbain ; - Contribuer dans une plus large mesure à la protection des paysages urbains.
Plan métropolitain de gestion des matières résiduelles	Novembre 2003	Audiences publiques de la Communauté métropolitaine de Montréal (CMM)	- Traitement localisé des déchets et pour un plan de gestion qui focalise sur l'objectif de 60 % de détournement des déchets domestiques pour 2008 ; - Importance d'un pouvoir politique métropolitain fort pour optimiser la réduction et la gestion des déchets ; - Réduction de la production des déchets de façon générale ; - Lacunes du processus de consultation.

Titre du mémoire	Date	Adressé à	Thèse
Proposition de Charte montréalaise des droits et responsabilités présentée par la Ville de Montréal	Avril 2004	Office de consultation publique de Montréal	- Initiative importante visant à améliorer la démocratie montréalaise - Reconnaissance chez les montréalais d'être des citoyens avec des droits et des responsabilités ; - Importance de l'enchâssement de cette Charte parmi l'ensemble des Chartes du système juridique actuel (fédéral, provincial, municipal) ; - Rôle de la démocratie comme condition du développement durable de Montréal.
Les commissions permanentes : le défi de la participation	Avril 2006	Commission de la présidence du conseil de la Ville de Montréal	- Encourager la participation citoyenne aux commissions publiques malgré une méconnaissance du public des commissions (municipales et d'agglomérations) ; - Pouvoir des citoyens d'influencer la décision des élus ; - Responsabilité de la Ville en matière d'éducation populaire en faveur d'une culture de participation.
Les personnes au coeur du déplacement, pas les véhicules	Août 2007	Commission du conseil d'agglomération sur l'environnement, le transport et les infrastructures	- Soutien en faveur d'un plan de transport pour la Ville de Montréal - Clarification des rôles des acteurs aux différents paliers (agglomération, ville, arrondissement) en lien avec la gouvernance - Intégrer les analyses et les résultats auprès d'un processus démocratique de suivi des objectifs - Spécifier concrètement les actions proposées dans une perspective écologique

Titre du mémoire	Date	Adressé à	Thèse
Pour un développement durable et démocratique dans Griffintown	mars 2008	Conseil d'arrondissement du Sud-Ouest (Consultation publique sur le programme particulier d'urbanisme (PPU) du secteur Peel-Wellington (Griffintown))	- Suggestion d'un plan public d'aménagement basé sur la participation de la population locale ; - Limitation du nombre de places de stationnement et priorisation des transports publics selon les orientations prises par la Ville de Montréal ; - Respect du cadre bâti actuel et minimisation des impacts d'aménagement auprès des populations locales - Évaluation du projet dans le cadre de l'Office de consultation publique de Montréal
Les personnes au cœur du transport durable	Juin 2008	Consultation publique : Plan de déplacement urbain (PDU) du Plateau-Mont-Royal	- Partage de la voie publique et espace urbain selon les modes de déplacement ; - Redistribution de la place accordée aux véhicules motorisés dans un arrondissement central et densément peuplé ; - Propositions de modifications de certains points du PDU dans la perspective de mettre en œuvre un réseau de quartiers verts.
Pour un CHUM respectueux de la santé publique et de l'environnement	Mai 2009	Assemblée publique de consultation tenue par le Ministère de la Santé et des Services sociaux du Québec	- Nécessité du projet de s'inscrire de façon harmonieuse dans la trame urbaine et de restreindre en nombre son parc de stationnement automobile ; - Encourager la desserte en transport en commun ; - Promouvoir l'adhésion à un programme de déplacement cycliste auprès du personnel

Titre du mémoire	Date	Adressé à	Thèse
Pour une vision durable et une planification régionale intégrée des transports à Montréal	Juin 2009	Bureau des audiences publiques sur l'environnement (BAPE) sur le Projet de reconstruction du complexe Turcot à Montréal, Montréal-Ouest et Westmount	- Révision du projet de réfection de l'échangeur Turcot en tenant compte des principes du développement durable, du contexte juridique montréalais et provincial et du contexte urbain montréalais - Intégration du projet dans un schéma d'ensemble du réseau d'infrastructures de transports de la métropole montréalaise - Réduction de la circulation motorisée par la réalisation d'un projet qui mise sur le transport collectif et la place faite à la nature

BIBLIOGRAPHIE

Alvergne, C., et S. Latouche (2009). « La métropolisation et la richesse des villes : L'énigme métropolitaine montréalaise », dans G. Sénécal, et L. Bherer (dir.), *La métropolisation et ses territoires*, Québec, Presses de l'Université du Québec, p. 23-66.

Ascher, F. (1995). *Métapolis, ou l'avenir des villes*, Paris, Odile Jacob.

Ascher, F. (2001). *Les nouveaux principes de l'urbanisme : la fin des villes n'est pas à l'ordre du jour*, La Tour d'Aigues, Éditions de l'Aube.

Ascher, F. (2009a). *L'âge des métapoles*, La Tour d'Aigues, Éditions de l'Aube.

Ascher, F. (2009b). « De la fin des routines à l'individualisation des espaces-temps quotidiens : le futur au quotidien », dans F. Ascher, *L'âge des métapoles*, La Tour d'Aigues, Éditions de l'Aube, p. 63-83.

Austruy, J. (1965). *Le scandale du développement*, Paris, Marcel Rivière et Cie.

Authier, J-Y., M-H. Bacqué et F. Guérin-Pace (dir.) (2007). *Le quartier : enjeux scientifiques, actions politiques et pratiques sociales*, Paris, La Découverte.

Bacqué, M-H., H. Rey et Y. Sintomer (2005). « Introduction. La démocratie participative, un nouveau paradigme de l'action publique ? », dans M-H. Bacqué, H. Rey et Y. Sintomer (dir.), *Gestion de proximité et démocratie participative : une perspective comparative*, Paris, La Découverte, p. 9-46.

Bacqué, M-H. et Y. Fijalkow (2008). « Transformation de deux anciens quartiers populaires à Paris et à Boston », dans M. Gauthier, M. Gariépy et M-O. Trépanier (dir.), *Renouveler l'aménagement et l'urbanisme. Planification territoriale, débat public et développement durable*, Montréal, Presses de l'Université de Montréal, p. 267-286.

Béal, V. (2009). « Politiques urbaines et développement durable : vers un traitement entrepreneurial des problèmes environnementaux ? », *Environnement Urbain / Urban Environment*, vol. 3, p. 47-63, <http://id.erudit.org/iderudit/037600ar> [En ligne]. Article consulté le 03 octobre 2010.

Bédard, M. (2000). « Être géographe par-delà la Modernité : plaidoyer pour un renouveau paradigmatique », *Cahiers de Géographie du Québec*, vol. 44, no. 122, p. 211-227.

Bédard, M. (2006). « La pertinence géographique et sociale d'un projet de paysage : errements et suffisances de notre habiter », *Cahiers de géographie du Québec*, vol. 50, no. 141, p. 409-414.

Bédard, M. (2008). *Méthodologie et méthodes de la recherche en géographie*, Montréal, UQÀM, département de géographie, notes et documents de cours, 6e édition revue et augmentée.

Bélanger, A. (2005). « Montréal vernaculaire/Montréal spectaculaire : dialectique de l'imaginaire urbain », *Sociologie et sociétés*, vol. 37, no. 1, p. 13-34.

Berque, A. (1996). *Être humains sur la terre*, Paris, Gallimard.

Berque, A. (2009). « Les travaux et les jours. Histoire naturelle et histoire humaine », *Espace géographique*, vol. 38, no. 1, p. 73-82.

Berque, A., P. Bonnin et C. Ghorra-Gobin (dir.) (2006). *La ville insoutenable*, Paris Belin.

Bherer, L. et G. Sénécal (2009). « Avant-propos. La métropole : La ville continue ou le territoire sans légitimité ? », dans G. Sénécal et L. Bherer (dir.), *La métropolisation et ses territoires*, Québec, Presses de l'Université du Québec, p. xiii-xxiii.

Blanc, N. (1998). « 1925-1990 : l'écologie et le rapport ville-nature ». *L'espace géographique*, no. 4, p. 295-297 (extraits).

Bochet, B., Y. Bonard, J-P. Dind, S. Guinand et M. Thomann (2007). « Continuité - discontinuité de l'urbain et des réponses urbanistiques : réflexions sur le champ émergent de l'urbanisme durable », dans A. Da Cunha et L. Matthey (dir.), *La ville et l'urbain : des savoirs émergents*, Lausanne, Presses polytechniques et universitaires romandes, p. 187-206.

Bonard, Y. et M. Thomann (2009). « Requalification urbaine et justice environnementale : Quelle comptabilité ? Débats autour de la métamorphose de Lausanne », *Vertigo – La revue en sciences de l'environnement*, vol. 9, no. 2, <http://vertigo.revues.org/index8728.html> [En ligne]. Article consulté le 04 janvier 2010.

Bookchin, M. (2003). *Qu'est-ce que l'écologie sociale ?*, Lyon, Atelier de création libertaire.

Bourdin, A. (2009). *Du bon usage de la ville*, Paris, Descartes & Cie.

Bourdin, A. (2010a). *L'urbanisme après la crise : peut-on faire un ville durable ?*, Montréal, INRS, Évènement VRM, conférence du 09 février 2010, communication.

Bourdin, A. (2010b). *L'urbanisme d'après crise*, Paris, L'aube.

Bourque, D., Y. Comeau, L. Favreau et L. Fréchette (dir.) 2006. *L'organisation communautaire: fondements, approches et champs de pratique*, Montréal, Presses de l'Université du Québec.

Both, J-F. (2005). « Régime d'urbanisation et rythmes urbain », *Urbia Les Cahiers du développement urbain durable*, no. 1, Les métamorphoses de la ville : régimes d'urbanisation, étalement et projet urbain, p. 9-22.

Breux, S. (2008). « Représentations territoriales et engagement public individuel : premières explorations », *Politiques et Sociétés*, vol. 27, no. 3, p. 187-210.

Brunel, S. (2010). *Le développement durable*, Paris, PUF, 4e édition.

Buléon, P. (2002). « Spatialités, temporalités, pensée complexe et logique dialectique moderne ». *EspacesTemps.net*, textuel, <http://espacetemps.net/document339.html> [En ligne]. Article consulté le 30 janvier 2008.

Buttimer, A. (1979). « Le temps, l'espace et le monde vécu », *L'Espace géographique*, vol. 8, no. 4, p. 243-254.

Castells, M. (1972). *La question urbaine*, Paris, Maspero.

Castells, M. (1983). *The City and the Grassroots : A Cross-Cultural Theory of Urban Social Movements*, Berkeley (CA), University of California Press.

Castells, M. (1999). *Le pouvoir de l'identité. L'ère de l'information*, tome II, Paris, Fayard.

CEUM. (2007). *Les personnes au cœur du déplacement, pas les véhicules*, Montréal, mémoire présenté à la Commission du conseil d'agglomération sur l'environnement, le transport et les infrastructures, 27 août 2007.

CEUM. (2008). *Pour un développement durable et démocratique à Griffintown*. Montréal, mémoire présenté au conseil d'arrondissement du Sud-Ouest, 11 mars 2008.

CEUM. (2009a). *Rapport d'activités 2008-09. Pour une ville écologique et démocratique*, document.

CEUM. (2009b). *Pour une vision durable et une planification régionale intégrée des transports à Montréal*, Montréal, mémoire présenté dans le cadre de l'audience publique du BAPE sur le projet de reconstruction du complexe Turcot à Montréal, Montréal-Ouest et Westmount, 12 juin 2009.

CEUM. (2010). « Historique du Centre d'écologie urbaine de Montréal », *ecologieurbaine.net*, À notre sujet, Historique, <http://www.ecologieurbaine.net/historique> [En ligne]. Page consultée le 22 mai 2010.

Chaarana, M. (1990). *Étude de la qualité de l'eau potable produite par la ville de Montréal et de l'eau embouteillée la l'eau de la ville est-elle sécuritaire pour la santé humaine? L'eau embouteillée est-elle la meilleure solution de remplacement ?*, Montréal, UQÀM, rapport de recherche présenté comme exigence partielle de la maîtrise en sciences de l'environnement.

Charte des villes européennes pour la durabilité (1994), Conférence européenne sur les villes durables, Aalborg, Danemark, le 27 mai 1994.

Coaffee, J. et P. Healy (2003). « 'My voice: my place': tracking transformations in urban governance », *Urban Studies*, vol. 40, no. 10, p. 1979-1999.

Collin, J-P. et J. Mongeau (1992). « Quelques aspects démographiques de l'étalement urbain à Montréal de 1971 à 1991 et leurs implications pour la gestion de l'agglomération », *Cahiers québécois de démographie*, vol. 21, no. 2, p. 5-30.

Collin, J-P. et M. Robertson (2005). « The borough system of consolidated Montréal: revisiting urban governance in a composite metropolis », *Journal of Urban Affairs*, vol. 27, no. 3, p. 307-330.

Commission mondiale sur l'environnement et le développement (1987). *Notre avenir à tous*, Rapport Brundtland, <http://www.wikilivres.info/wiki/Rapport_Brundtland> [En ligne]. Consulté le 26 septembre 2010.

CMM (2008). « Portrait général. La Communauté en chiffres », *Communauté métropolitaine de Montréal*, Portrait général, La Communauté en chiffres, <http://www.cmm.qc.ca/index.php?id=266> [En ligne]. Page consultée le 07 juillet 2010.

CMP (2010). « À quoi sert la CMP ? ». *miltonparc.org*, Qui sommes-nous ?, <http://www.miltonparc.org/?q=about> [En ligne]. Site consulté le 20 avril 2010.

Corboz, A. (2009a). « Apprendre à décoder la nébuleuse urbaine », dans A. Corboz, *De la ville au patrimoine urbain. Histoires de forme et de sens*, Québec, Presses de l'Université du Québec, Textes choisis et assemblés par Lucie K. Morisset, p. 133-138.

Corboz, A. (2009b). « « La pendule de profil » : comment penser la mutation ? », dans A. Corboz, *Sortons enfin du labyrinthe !*, Gollio (Suisse), Infolio, p. 51-61.

Courcier, S. (2005). « Vers une définition du projet urbain, la planification du réaménagement du Vieux-Port de Montréal », *Canadian Journal of Urban Research*, vol. 14, no. 1, Supplément, p. 57-80.

Da Cunha, A. (2005a). « Régime d'urbanisation, écologie urbaine et développement urbain durable : vers un nouvel urbanisme », dans A. Da Cunha *et al.* (dir.), *Enjeux du développement urbain durable. Transformations urbaines, gestion des ressources et gouvernance*, Lausanne, Presses polytechniques et universitaires romandes, p. 13-37.

Da Cunha, A. (2005b). « Introduction », *URBIA Les Cahiers du développement urbain durable*, no. 1, Les métamorphoses de la ville : régimes d'urbanisation, étalement et projet urbain, p. 5-7.

Da Cunha, A. et B. Bochet (2002). « Développement urbain durable », *Vues sur la ville*, dossier, no. 1, p. 3-5.

Da Cunha, A. et L. Matthey (2007). « Des champs d'émergence », dans A. Da Cunha et L. Matthey (dir.), *La ville et l'urbain : des savoirs émergents*, Lausanne, Presses polytechniques et universitaires romandes, p. 11-32.

Damon, J. (2008). « Introduction. Urbanisation planétaire, villes et modes de vies urbains », dans J. Damon (dir.), *Vivre en ville. Observatoire mondial des modes de vie urbains*, Paris, PUF, p. 1-27.

Delorme, P. (2009). « Une île, une ville. Réunification ratée et complexification administrative », dans P. Delorme (dir.), *Montréal, aujourd'hui et demain. Politique, urbanisme, tourisme*, Montréal, Liber, p. 15-40.

De Rosnay, J. (1994). *L'écologie et la vulgarisation scientifique. De l'égocitoyen à l'écocitoyen*, Montréal, Fides.

Desanti, J-T. (2001). « Ce nouveau siècle qui commence violemment », dans D. Desanti, J-T. Desanti et R-P. Droit, *La liberté nous aime encore*, Paris, Odile Jacob. p. 295-322.

Di Méo, G. (dir.) (1998). *Géographie sociale et territoires*, Paris, Nathan.

Di Méo, G. (2000). « Que voulons-nous dire quand nous parlons d'espace ? », dans J. Lévy et M. Lussault (dir.), *Logiques de l'espace, esprit des lieux. Géographies à Cerisy*, Paris, Belin, p. 37-48.

Di Méo, G. et P. Buléon (dir.) (2005). *L'espace social. Lecture géographique des sociétés*, Paris, Armand Colin.

Dodier, R., A. Rouyer et R. Séchet (2007). « Introduction », dans R. Dodier, A. Rouyer et R. Séchet (dir.), *Territoires en action et dans l'action*. Rennes, Presses Universitaires de Rennes, p. 7-26.

Dosse, F. (2005). *Le pari biographique. Écrire une vie*, Paris, La Découverte.

Duchastel, J. et R. Canet (2004). « Du local au global. Citoyenneté et transformations des formes de la démocratie », dans B. Jouve et P. Booth (dir.), *Démocraties métropolitaines*, Sainte-Foy (Québec), Presses de l'Université du Québec, p. 19-43.

Elias, N. (1991). *La société des individus*, Paris, Fayard.

Emelianoff, C. (2003). « Géographie et Écologie », dans J. Lévy et M. Lussault (dir.), *Dictionnaire de la géographie et de l'espace des sociétés*, Paris, Belin, p. 288-290.

Emelianoff, C. (2007). « La ville durable : l'hypothèse d'un tournant urbanistique en Europe », *L'information géographique*, no. 71, p. 48-65.

Emelianoff, C. et R. Stegassy (2010). *Les pionniers de la ville durable. Récits d'acteurs, portraits de ville en Europe*, Paris, Autrement.

Felli, R. (2006). « Développement durable et démocratie : la participation comme problème », *Urbia, Les cahiers du développement urbain durable*, p. 11-28.

Felli, R. (2008). *Les deux âmes de l'écologie. Une critique du développement durable*. Paris, L'Harmattan.

Ferrier, J-P. (1998). *Le contrat géographique, ou l'habitation durable des territoires : Antée 2*, Lausanne, Payot/Jacques Scherrer éditeur.

Ferrier, J-P. (2000). « De l'urbain au post-urbain. Théorie géographique de la métropolisation et prospective pour une habitation durable des territoires », dans J-P. Paulet (dir.), *Les très grandes villes dans le monde*, Paris, CNED/Sedes/HER, p. 165-213.

Ferrier, J-P. (2007). « Métropolisation, contrat géographique, habitation durable des territoires », dans A. Da Cunha et L. Matthey (dir.), *La ville et l'urbain : des savoirs émergents*, Lausanne, Presses polytechniques et universitaires romandes, p. 175-186.

Ferrier, J-P., J-B. Racine et C. Raffestin (1978). « Vers un paradigme critique : matériaux pour un projet géographique », *L'Espace géographique*, vol. 7, no. 4, p. 291-297.

Filion, P. (1995). « Urbanisation et transition économique. Du fordisme à l'après fordisme », dans A. Gagnon et A. Noël (dir.), *L'espace québécois*, Montréal, Éditions Québec, p. 189-213.

Fleury, A. (2010). « Paquot Th., 2010, *L'espace public*, Paris, La Découverte, coll. « Repères », 125 p. », *Cybergeo : European Journal of Geography*, Revue de livres, <http://cybergeo.revues.org/index23242.html> [En ligne]. Article consulté le 07 septembre 2010.

Fontanille, J. (2009). « Méthode d'analyse sémiotique des textes et des discours », dans A. Mucchielli (dir.). *Dictionnaire des méthodes qualitatives en sciences humaines*, Paris, Armand Colin, 3e édition, p. 243-246.

Frug, G. (2010). *The architecture of governance*, Montréal, Centre Canadien d'Architecture, Conférences sur la ville James Stirling Memorial, 21 octobre 2010, communication non publiée.

Gagnon, C. (2007). « Définitions de l'Agenda 21e siècle local. Un outil intégré de planification du développement durable viable », dans C. Gagnon et E. Arth (dir.), *Guide québécois pour des Agendas 21e siècle locaux : applications territoriales de développement durable viable*, <http://www.a21l.qc.ca/9569_fr.html> [En ligne]. Page consultée le 24 février 2010.

Guattari, F. (1989). *Les trois écologies*, Paris, Galilée.

Gauthier, M., M. Gariépy et M-O. Trépanier (dir.) (2008). *Renouveler l'aménagement et l'urbanisme. Planification territoriale, débat public et développement durable*, Montréal, PUM.

Gauthier, M. (2008). « Développement urbain durable, débat public et urbanisme à Montréal », dans M. Gauthier, M. Gariépy et M-O. Trépanier (dir.), *Renouveler l'aménagement et l'urbanisme. Planification territoriale, débat public et développement durable*, Montréal, PUM, p. 163-199.

Gendron, C. et J-G. Vaillancourt (dir.) (2003). *Développement durable et participation publique. De la contestation écologique aux défis de la gouvernance*, Montréal, PUM.

George, P., K. Mofatt, L. Barnoff, B. Coleman et C. Paton (2009). « Image construction as a strategy of resistance by progressive community organisations », *Nouvelles pratiques sociales*, vol. 22, no. 1, p. 92-110.

Gilbert, A. (2007). « Vers l'émergence d'une nouvelle géographie sociale de langue française ? », *Cahiers de géographie du Québec*, vol. 51, no. 143, p. 199-218.

Gravenor, K. (1987). *Studies in Citizen Responses : Community Reaction to the Threat of Demolition in Goose Village and Milton Park*, Montreal, Canadian Urban History, Concordia University.

Giddens, A. (1994). *Les conséquences de la modernité*, Paris, L'Harmattan.

Gumuchian, H. (1991). *Représentations et aménagement du territoire*, Paris, Anthropos.

Gumuchian, H., E. Grasset, R. Lajarge et E. Roux (2003). *Les acteurs, ces oubliés du territoire*, Paris, Anthropos.

Gumuchian, H. et B. Pecqueur (dir.) (2007). *La ressource territoriale*. Paris, Anthropos.

Hall, P. (1988). *Cities of Tomorrow. An Intellectual History of Urban Planning and Design in the Twentieth Century*, New York City, Basil Blackwell.

Hamel, P. (1995), « Mouvements urbains et crise de la modernité : l'exemple montréalais », *Recherches sociographiques*, vol. XXXVI, no. 2, p. 279-305.

Hamel, P. (2004). « Les villes contemporaines et le renouvellement de la démocratie locale », dans B. Jouve et P. Booth (dir.), *Démocraties métropolitaines*, Sainte-Foy (Québec), Presses de l'Université du Québec, p. 45-67.

Hamel, P. (2005). « La métropole contemporaine et ses controverses », *Cahiers de géographie du Québec*, vol. 49, no. 138, p. 393-408.

Hamm, M. W. et M. Baron (2000). « Systèmes alimentaires intégrés et durables en milieu urbain : l'exemple du New Jersey, aux États-Unis », dans M. Koc et al. (dir.), *Armer les villes contre la faim. Systèmes alimentaires durables*, Ottawa, CRDI, p. 58-63.

Hansotte, M. (2002). *Les intelligences citoyennes. Comment se prend et s'invente la parole collective*, Bruxelles, De Boeck Université.

Harribey, J-M. (dir.) (2004). *Le développement a-t-il un avenir ? Pour une société solidaire et économe*, Paris, Mille et une nuits.

Heller, C. (2003). *Désir, nature et société. L'écologie sociale au quotidien*, Montréal, Écosociété.

Helman, C. (1987). *The Milton-Park Affair: Canada's largest Citizen-Developer Confrontation*, Montreal, Véhicule Press.

Houle, C. (2009). *Évolution de l'occupation du sol du territoire de l'île de Montréal entre 1989 et 2001 et ses effets sur la formation d'îlots de chaleur*, Montréal, UQÀM, rapport de projet présenté comme exigence partielle de la maîtrise en géographie.

Ingallina, P. (2001). *Le projet urbain*, Paris, PUF.

Jodelet, D. (2003). « Représentations sociales : un domaine en expansion », dans D. Jodelet (dir.), *Les représentations sociales*, Paris, PUF, 7ᵉ éd., p. 47-78.

Jouve, B. (2003). *La gouvernance urbaine en questions*, Paris, Elsevier.

Jouve, B. et C. Lefèvre (2004). « Les nouveaux enjeux de la métropolisation », dans B. Jouve et C. Lefèbvre (dir.), *Horizons métropolitains*, Lausanne, Presses polytechniques et universitaires romandes, p. 1-36.

Kaufmann, J-C. (2007). *L'entretien compréhensif*, Paris, Armand Colin.

Keucheyan, R. (2007). *Le constructivisme. Des origines à nos jours*, Paris, Hermann.

Lahire, B. (1998). *L'homme pluriel. Les ressorts de l'action*, Paris, Nathan.

Lajarge, R. (2009). « Pas de territorialisation sans action », dans M. Vanier (dir.), *Territoires, territorialité, territorialisation. Controverses et perspectives*, Rennes, Presses Universitaires de Rennes, à paraître, document finalisé (12 pages).

Larsen, J. (2006). « Les maires américains s'investissent contre le réchauffement climatique », *notre-planete.info*, actualités, <http://www.notre-planete.info/actualites/actu_964_maires_americains_lutte_rechauffement_climatique. php> [En ligne]. Page consultée le 27 septembre 2010.

Latendresse, A. (2004). « La réforme municipale et la participation publique aux affaires urbaines montréalaises : ruptures ou continuités ? », dans B. Jouve et P. Booth (dir.), *Démocraties métropolitaines*, Sainte-Foy (Québec), Presses de l'Université du Québec, p. 153-174.

Latendresse, A. (2006). « Les expériences des CDEC montréalaises et du budget participatif de Porto Alegre à la lumière de leur contribution au renouvellement de la démocratie urbaine », *Nouvelles pratiques sociales*, vol. 18, no. 2, p. 55-72.

Latendresse, A. (2008). « L'émergence des sommets citoyens de Montréal : vers la construction d'un programme autour du droit à la ville ? », *Nouvelles Pratiques Sociales*, vol. 21, no. 1, p. 104-120.

Latendresse, A., G. Tremblay, N. Lozier, J-M. Fontan et R. Morin. (2011). *Le Budget participatif du Plateau-Mont-Royal de 2006 à 2008 : de l'expérimentation à la consolidation. Une expérience à poursuivre ?*, Montréal, arrondissement le Plateau-Mont-Royal, 04 février 2011, rapport de recherche, non publié.

Latouche, S. (2004). *Survivre au développement : de la décolonisation de l'imaginaire économique à la construction d'une société alternative*, Paris, Mille et une nuits.

Latour, B., C. Schwartz et F. Charvolin (1991). « Crises des environnements : défis aux sciences humaines », *Futur Antérieur*, no. 6, p. 28-56.

Lazzarotti, O. (2006). *Habiter. La condition géographique*, Paris, Belin.

Lefebvre, H. (2000). *La production de l'espace*, Paris, Anthropos, nouv. éd.

Lefebvre, H. (1968). *Le droit à la ville*, Paris, Seuil.

Lefort, C. (1986). « La question de la démocratie », dans *Essais sur le politique. XIXe-XXe siècles*, Paris, Seuil, p. 17-32.

Lévy, J. (1999). *Le tournant géographique. Penser l'espace pour lire le monde*, Paris, Belin.

Lévy, J. (2003). « Stratégie spatiale », dans J. Lévy et M. Lussault (dir.), *Dictionnaire de la géographie et de l'espace des sociétés*, Paris, Belin, p. 873-875.

Lussault, M. (2000). « Action(s)! », dans J. Lévy et M. Lussault (dir.), *Logiques de l'espace, esprit des lieux. Géographies à Cerisy*, Paris, Belin, p. 11-36.

Lussault, M. (2003). « Urbanité », dans J. Lévy et M. Lussault (dir.), *Dictionnaire de la géographie et de l'espace des sociétés*, Paris, Belin, p. 966-967.

Lussault, M. (2007). *L'homme spatial. La construction sociale de l'espace humain*, Paris, Seuil.

Lussault, M. (2009). *De la lutte des classes à la lutte des places*, Paris, Grasset.

Magnaghi, A. (2003). *Le projet local*, Sprimont (Belgique), Pierre Mardaga.

Mancebo, F. (2008). *Développement durable*, Paris, Armand Colin.

Mancebo, F. (2010). « Combiner durabilité urbaine et actions locales pour le climat : éloge de la quadrature du cercle », Montréal, Université de Montréal, Conférence Villes et immobilier, 21 octobre 2010, communication non publié.

Manset, G. (2008). « Comme un légo », dans *Manitoba ne répond plus*. Disque compact. EMI France B001D6OKVU.

Manzagol, C. et G. Sénécal (2002). « Introduction. Les grands projets et le destin métropolitain », dans G. Sénécal, J. Malézieux et C. Manzagol, (dir.), *Grands projets urbains et requalification.*, Sainte-Foy, Presses de l'Université du Québec, p. 1-6.

Marois, C. et H. Gumuchian (2000). *Initiation à la recherche en géographie: Aménagement, développement territorial, environnement*, Paris, Anthropos.

Mathieu, N. et Y. Guermond (dir.) (2005). *La ville durable : du politique au scientifique*, Paris, INRA Éditions.

Mendel, G. (2003). *Pourquoi la démocratie est en panne. Construire la démocratie participative*. Paris, La Découverte.

Milton, S. (1992). « Temps-Monde et Espace-Monde. Relever le défi conceptuel », *Strates*, no. 7, <http://strates.revues.org/document1109.html> [En ligne]. Article consulté le 14 décembre 2009.

Milton Parc. Un quartier coopératif, (1983), Montréal, brochure publiée à l'occasion des Fêtes de Milton Parc. 23 et 24 septembre 1983.

Molina, G., M. Bertrand, F. Blot, J. Dascon, M. Gambino et J. Milian (2007). « Géographie et représentations : De la nécessité des méthodes qualitatives », *Recherches qualitatives*, Hors série, no. 3, p.316-334.

Mondanda, L. 2000. « Pratiques discursives et configuration de l'espace urbain », dans J. Lévy et M. Lussault (dir.), *Logiques de l'espace, esprit des lieux, Géographies à Cerisy*, Paris, Belin, p. 165-175.

Mongin, O. (2005). *La condition urbaine. La ville à l'heure de la mondialisation*, Paris, Seuil.

151

Morin, E. (2007). *Vers l'abîme ?*, Paris, L'Herne.

Mucchielli, A. (2009). « Analyse de contenu », dans A. Mucchielli (dir.), *Dictionnaire des méthodes qualitatives en sciences humaines*, Paris, Armand Colin, 3e édition, p. 36.

Nietzsche, F. (1996). *La généalogie de la morale*, Paris, Flammarion.

Norynberg, P. (2001). *Faire la ville autrement. La démocratie et la parole des habitants*, Barret-sur-Méouge (France), Yves Michel.

Noschis, K. (1984). *La signification affective du quartier*, Paris, Librairie des Méridiens.

Orain, O. (2007). « Constructivisme », *Hypergéo*, <http://www.hypergeo.eu/article.php3?id_article=407> [En ligne]. Page visitée le 01 décembre 2008.

Ouellet, M. (2006). « Le smart growth et le nouvel urbanisme : Synthèse de la littérature récente et regard sur la situation canadienne », *Cahiers de géographie du Québec*, vol. 50, no. 140, p.175-193.

Paquot, T. (2009), « Que signifie représenter une ville ? », Montréal, CCA, colloque La ville, objet et phénomène de représentation – Histoires de l'urbanité, théories et approches autour de l'œuvre d'André Corboz, 16-18 septembre 2009, communication.

Parazelli, M. et A. Latendresse (2006). « Penser les conditions de la démocratie participative », *Nouvelles Pratiques Citoyennes*, vol. 18, no. 2, p. 15-23.

Pereira, E. M. et M. Perrin (2011). « Le droit à la ville. Cheminements géographique et épistémologique (France ? Brésil ? International) », *L'information géographique*, vol. 75, no. 1, p. 15-36.

Peretti-Watel, P. et B. Hammer (2006). « Les représentations profanes de l'effet de serre », *Natures Sciences Sociétés*, vol.14, p. 353-364.

Poirier, S. (2006). « Rethinking urban citizenship », Conférence de Engin Isin dans le cadre du colloque Montréal Plurielle, Université du Québec à Montréal, compte-rendu d'événement, 15 février 2006.

Proulx, M-U. (2008). « 40 ans de planification territoriale au Québec », dans M. Gauthier, M. Gariépy et M-O. Trépanier (dir.), *Renouveler l'aménagement et l'urbanisme. Planification territoriale, débat public et développement durable*, Montréal, Presses de l'Université de Montréal, p. 23-54.

Purcell, M. (2002). « Excavating Lefebvre : The right to the city and its urban politics of the inhabitant », *Geojournal*, no. 58, p. 99-108.

Rabouin, L. (2009). *Démocratiser la ville. Le Budget participatif : De Porto Alegre à Montréal*, Montréal, Lux éditeur.

Radio-Canada Information (2006). « Milton Parc, un quartier sauvé de la destruction », *Tout le monde en parlait*, disque 3, 18 juillet 2006, document télévisuel.

Raffestin, C. (1980). *Pour une géographie du pouvoir*, Paris, Librairies Techniques.

Raffestin, C. (1986). « L'écogénèse territoriale et la territorialité », dans F. Auriac et R. Brunet (dir.), *Espaces, jeux et enjeux*, Paris, Fayard, p. 175-185.

Rémy, J. (1998). « Avant-propos. Le projet urbain : sens et significations », dans J.-Y. Toussaint et M. Zimmermann (dir.), *Projet urbain. Ménager les gens, aménager la ville*, Sprimont (Belgique), Pierre Mardaga, p. 5-8.

Roncayolo, M. (2002). « Conceptions, structures matérielles, pratiques. Réflexions autour du "projet urbain" », dans M. Roncayolo (dir.), *Lectures de villes. Formes et temps*, Marseille, Parenthèses, p. 83-91.

Roussopoulos, D. (1994). *L'écologie politique. Au-delà de l'environnementalisme*, Montréal, Écosociété.

Rumpala, Y. (2008). « Le développement durable appelle-t-il davantage de démocratie ? », *Vertigo. La revue électronique en sciences de l'environnement*, vol. 8, no. 2, <http://id.erudit.org/iderudit/019970ar> [En ligne]. Article consulté le 17 mars 2010.

Sabourin, P. (2003). « L'analyse de contenu », dans B. Gauthier (dir.), *Recherche sociale. De la problématique à la collecte des données*, Sainte-Foy (Québec), Presses de l'Université du Québec, 4e éd., p. 357-385.

Sachs, I. (dir.) (1996). *Quelles villes, pour quel développement ?*, Paris, PUF.

Sachs, I. (2007). *La troisième rive. À la recherche de l'écodéveloppement*, Paris, Bourin éditeur.

Salomon Cavin, J. (2009). « Quand la ville gagne à être connue. Les représentations urbaines des défenseurs de la nature », Montréal, CCA, colloque La ville, objet et phénomène de représentation – Histoires de l'urbanité, théories et approches autour de l'œuvre d'André Corboz, 16-18 septembre 2009, communication.

Savoie-Zajc, L. (2003). « L'entrevue semi-dirigée », dans B. Gauthier (dir.), *Recherche sociale. De la problématique à la collecte des données*, Sainte-Foy (Québec), Presses de l'Université du Québec, 4e éd., p. 293-316.

Sénécal, G., S. Reyburn et C. Poitras (2005). « Métropoles et développement durable : regard sur la programmation des villes canadiennes », dans N. Mathieu et

153

Y. Guermond (dir.), *La ville durable, du politique au scientifique*, Paris, Cemagref, p.71-88.

Sennett, R. (1970). *The uses of disorder: personal identity and city life*, New York, W.W. Norton.

Sévigny, M. (2001). *Trente ans de politique municipale. Plaidoyer pour une citoyenneté active*, Montréal, Écosociété.

Sintomer, Y., C. Herzberg, et A. Röcke (dir.) (2008). *Les budgets participatifs en Europe. Des services publics au service du public*, Paris, La Découverte.

SODECM (2000). *Rapport d'activités triennal. De septembre 1997 à septembre 2000*, Document.

Soubeyran, O. (2005). *Épistémologie de la géographie*, Grenoble, UJF, Institut de Géographie Alpine, notes de cours personnelles.

Statistique Canada (2008). « Population totale et logement privé total, régions administratives de Montréal et de Laval, 2006 », *Institut de la statistique du Québec*, recensement du Canada, 2006, <http://www.stat.gouv.qc.ca/regions/recens2006_06/population06/tpoplog06.htm> [En ligne]. Page consultée le 07 juillet 2010.

Stock, M. (2004). « L'habiter comme pratique des lieux géographiques », *EspacesTemps.net*, Textuel, <http://espacestemps.net/document1138.html> [En ligne]. Article consulté le 06 février 2009.

Stock, M. (2008). « Penser géographiquement », dans P. Martin, *Demain la géographie. Permanences, dynamiques, mutations: Pourquoi? Comment ?*, Université Avignon, éd. Groupe Dupont – Espace, communication avec actes (Géopoint 2006, 01 et 02 juin 2006), p.23-37.

Talpin, J. (2008). « Pour une approche processuelle de l'engagement participatif : les mécanismes de construction de la compétence civique au sein d'institutions de démocratie participative », *Politiques et Sociétés*, vol. 27, no. 3, p. 133-164.

Toussaint, J-Y. et M. Zimmermann (dir.) (1998). *Projet urbain. Ménager les gens, aménager la ville*, Sprimont (Belgique), Pierre Mardaga.

UN Habitat (1996). *The Habitat Agenda*, Istanbul, Declaration on Human Settlements.

Veauvy, C. (1995). « Le fait social total », *Multitudes*, Futur antérieur, no. 27, <http://multitudes.samizdat.net/Le-fait-social-total#nb1> [En ligne]. Page consultée le 01 mars 2010.

Ville de Montréal (2005). *Premier plan stratégique de développement durable de la collectivité montréalaise - avril 2005*, Direction de l'environnement et du développement durable.

Virilio, P. (1995). *La vitesse de libération*, Paris, Galilée.

Von Eckard, W. (1967). *A Place to Live. The Crisis of the Cities*, New York City, Delacorte Press.

Warwick, L. (1994). « Le centre culturel Strathearn. C'est pour vous ! », *Place Publique Milton-Parc*, vol. 1, no. 1, janvier-février, p. 9.

Wirth, L. (1938). « Le phénomène urbain comme mode de vie », dans Y. Grafmeyer, et I. Joseph (dir.), *L'école de Chicago*, 1984, Paris, Aubier Montaigne, p. 251-277.

www.ingramcontent.com/pod-product-compliance
Lightning Source LLC
Chambersburg PA
CBHW021058210326
41598CB00016B/1251